光明城

LUMINOCITY

看见我们的未来

献给

Arnaud Misse，以及这部作品中所有的艺术家、建筑师和作者：Patrice Doat、Hugo Houben、Henri Van Damme。

国际生土建筑研究中心(CRAterre)与格勒诺布尔国立高等建筑学院(ENSAG)的所有团队，尤其是 Mahmoud Bendakir、Titane Galer、Philippe Garnier、Hubert Guillaud、Thierry Joffroy、Jean-Marie Le Tiec 和 Grégoire Paccoud。

Christian Olagnon 与里昂 MATEIS de l'INSA 实验室。

出版商 Edition Belin 与 La Cité des sciences et de l'industrie。

本书最早的法文版的出版得益于 2009 年 10 月 6 日至 2010 年 6 月 27日在巴黎科学城举办的展览“我的原材料——土：建筑明天”（Ma terre première: pour construire demain）。展览随后在斯特拉斯堡的科学馆、阿斯克新城的科学论坛、嘉德水道桥的公共文化合作机构（EPCC）以及里昂的汇流博物馆举办。

资助：陈张敏聪夫人慈善基金

用土建造
从尘埃到建筑

Bâtir en terre
Du grain de sable à l'architecture

[法] 莱迪西娅·方丹（Laetitia Fontaine）
罗曼·昂热（Romain Anger）著

蒋蔚 译

合作者
帕特里斯·多阿
（Patrice Doat）
雨果·乌邦
（Hugo Houben）
亨利·范·达姆
（Henri Van Damme）

同济大学出版社·上海
TONGJI UNIVERSITY PRESS · SHANGHAI

目录

4 中文版序
6 序言 伦佐·皮亚诺建筑工作室
7 前言
9 为什么用土建造？

12 建筑

14 地图 半数的人类生活在土建筑里
16 沙漠中的城市
17 希巴姆：沙漠中的曼哈顿
18 加达米斯：沙漠珍珠
22 实例 沙漠里的住居
24 里克·乔伊：沙漠建筑师
26 工艺轮
28 技术 夯
32 未来住宅
33 技术 零能耗的范本
34 法国乡土民居
37 地图 法国的土建筑
38 实例“土域”：一个前瞻性的生态社区
40 特别的欧洲遗产
42 技术 土坯砖
46 建筑与城市的诞生
48 金字塔
52 实例 生土建筑遗迹
54 现代夯土
55 澳大利亚的夯土复兴
56 申全植
57 马丁·劳奇
60 实例 现代夯土肌理
62 非洲乡土民居
63 卡塞纳地区的装饰艺术
64 喀麦隆穆斯古姆人的“炮弹屋”
66 实例 非洲的乡土民居
68 谷仓
70 技术 草泥团
72 西非的清真寺
74 实例 西非的清真寺
76 马塞洛·科尔迪斯
78 技术 木骨泥墙
80 萨特普雷姆·马尼
82 技术 压制土砖
84 中国的客家土楼
86 为尽可能多的人提供住房
88 实例 服务社会的建筑师
90 技术 生土抹面
92 丹尼尔·杜彻特
94 实例 丹尼尔·杜彻特

2

3

96 材料

98 什么是土?
100 土壤:一种可循环的材料
102 土由颗粒组成
104 技术 土与建造工艺
106 实例 不同的土
108 土是一种黏土混凝土
110 颗粒、水和空气
112 沙堆的物理知识
114 空隙的填充
117 技术 颗粒物的堆叠与用土建造
118 颗粒间的摩擦
122 无法混合的颗粒
124 实例 颗粒的分离
126 技术 颗粒物的自然分拣
128 颗粒的推力
132 技术 夯与力链
134 技术 用沙建造
136 技术 一种填充土的木骨架墙体原型
138 沙堡的物理知识
140 用来建造的水
144 技术 穿鞋戴帽
146 沙堡内部靠什么黏结?
150 土墙内部靠什么黏结?
153 技术 生土墙:新一代的空调
154 黏土泥浆的物理与化学知识
156 黏土的微层结构
158 实例 黏粒的微观世界
160 黏土的膨胀与开裂
162 实例 如何避免开裂
164 电的介入
166 黏土凝胶

170 革新

172 在分子层面
174 液体的改变!
176 技术 纯水与溶液
178 盐的作用
180 技术 渗透作用与范德华力
182 以少量的水使土料具有流动性
184 技术 黏土混凝土自流平
186 水泥:可否被替代?
188 水泥简史
190 火山灰、石灰与水泥
192 技术 地聚合物:罗马混凝土的变种
194 黏土与水泥的相似与不同
196 自然的榜样
198 蛋壳
200 实例 生物矿化
202 变成石头的土
204 珍珠质、黏粒与生物聚合物
206 实例 多样的配方

212 后记 亨利·范·达姆
214 参考文献
218 词汇表
220 图片来源
222 作者简介 & 译者简介
223 译后记

中文版序

感谢蒋蔚先生奉献宝贵时间，以流畅轻快的文笔翻译了《用土建造》。这本科普著作来自法国，它涵盖了生土这种建筑材料的诸多方面，并在材料、方法、技术与科学认知之间建立了引人思考的连接。书的副名叫做“从尘埃到建筑”，呈现了土的极端状态：可低到尘埃，或神圣如建筑。这当中的转化充满了人类的力量、智慧与精神——自然材料成为原材料，转化为建筑材料，再转变成为地表的巨大量体。而在古代中国，土的讨论常伴随着“五行”。在金、木、水、火、土的五边关系中，要素间存在复杂的相互作用。

木与土一旦结合，便成为“土木”，意味着营造与建筑。在谈论木结构伟大遗产时，人们常常忽视土墙的作用，仅将它当作大地或基础的延伸。然而，如没有土墙的稳定作用，很多木框架便不成立，或者说地震来临时能被轻易摧毁。在国际学术视野中，古代木结构除井干式之外，无论是穿斗式还是抬梁式，都属于半木框架。木仅作为一半，承担自重，提供屋盖保护。但提供稳定与围护的是另一半——抗压的颗粒所形成的墙体。常用的土坯填充、藤条抹泥填充、砖填充以及夯土预筑墙，都与土密不可分。

火代表能量，常作为围护的土当然可以防火。在高温烧灼后，土内部会产生奇妙的化学反应。地球上原有大量黏土，经过提纯而成的黏土性质可谓神秘：常温遇水可塑，微干可雕，全干可磨；烧至 700℃成陶已能装水；烧至 1230℃则瓷化，完全不吸水且耐高温、耐腐蚀。历史演进中，陶、瓷器的制作能力曾是各国的科技水平与文明发展程度的重要指标。陶器、炻器、玻璃、砖、瓦则是这一科技树上的不同果实。

水可侵蚀岩石，将它变为尘埃，也可与它结合，产生化学反应，例如水合反应（hydration reaction）。当代化学提供许多液体添加，能够把尘土中的颗粒强力连接在一起，也有机会抑制或杀灭土中过多的有机物质，从而实现土的改性。

金指冶炼，即从土壤岩石中提取金属或金属化合物。这些材料在获得更好的性能和强度后，又以各种形式回到建成环境中。它们可以成为加筋混凝土里面最常用的钢筋部分，也能够以模板、工具、加强纤维等诸多形式助力土的建造。金（属）也从视觉上调节着土的颜色，传递其中的化学配比。

在现代物理、化学、地理与工程的加持下，五行所暗示的转化无穷无尽。因而蒋蔚说：“土不是边缘的材料，它一直是我们赖以生存的基本物质，过去是，未来仍是。”这一译后论断值得反复品味。

在早期汉字中，“土”的字形意味着植物从地面长出。它表述的是萌芽的状态，是有机与无机的混合，是生命从环境中跃迁的景象。这本讲生土的书一方面启发人们从更基础的角度去思考土的转化，另一方面，它被引入中文世界也提醒读者了解从事相关研究以及应用的本土重要人物，例如进行大量开拓性工作的穆钧、周铁钢与蒋蔚，在云南持续耕耘的黄印武、柏文峰与万丽，在各地传播可持续建造的台湾建筑师谢英俊，在都市夯土的王澍与陆文宇，以及在安吉“种”房子的任卫中。

土曾是欧亚大陆东端的农耕国家的根本，但土并不独属于这里。它也属于欧亚大陆的中段与西端。当不同的个人、族群、国家、文明以各自的方式，投身（生）土的研究与应用当中，呈现出各异的贡献与发展后，连接、比较和交融成为可能，建成环境的可持续良“壤”终会形成。

朱竞翔

2023 年 11 月 16 日

序言

虽然还没有机会一起工作，但伦佐·皮亚诺建筑工作室与本书的作者以及国际生土建筑研究中心（CRAterre）同属于一个大家庭：钟情于材料特性与变革的建造者。

我们向所有参与本书筹备工作的人员致敬，尤其是这部作品的作者莱迪西娅·方丹（Laetitia Fontaine）和罗曼·昂热（Romain Anger），以及国际生土建筑研究中心团队的帕特里斯·多阿（Patrice Doat）和雨果·乌邦（Hugo Houben）。他们不仅专业，更知道如何寻找并发现，坚定而自信，不受欲望与虚荣的诱惑，溯本求源，这使本书的研究注定成为一段艰辛的旅程。那些卓越的研究以及令人印象深刻的阐述，使这个领域的发展向前推进了巨大的一步。

作为先驱者，他们从对乡土建筑的非凡观察中汲取最本真的经验，为我们今天这个强调可持续发展的时代指明了道路，并通过科学系统的分析，将那些朴实的物质真相呈现在我们面前。

这些鲜明的范例，在今天已得到了普遍的验证和认可。用土来建造吧！这是一种最基本、最普遍存在、丰富美丽、多姿多彩、既脆弱又坚固的原材料。

这支因格勒诺布尔国立高等建筑学院（ENSAG）、大工作室（les Grands Ateliers）和国际生土建筑研究中心而日益活跃的建筑力量，在当代建筑思想领域中不仅值得占有一席之地，更是其不可或缺的一部分。

伦佐·皮亚诺建筑工作室
Renzo Piano Building Workshop

前言

三十年前……1979 年，有关“用土建造”这一主题的研究在大学里并不存在，在专业的实践领域也几乎消失。但就在这一年，一些建筑师、工程师与文化人类学家一起创建了国际生土建筑研究中心，并在几年后成为法国格勒诺布尔国立高等建筑学院的一个实验室，同时出版了《土建筑》（*Construire en terre*）—— 一本关于生土常规建造技术的书。三十多年来，这些先驱者从未停止过对土建筑的研究、保护与复兴。如果没有他们的这些努力，也就不会有本书的出版。两年之后的 1981 年，建筑师、城市规划师让·德西耶（Jean Dethier）在巴黎蓬皮杜中心组织了一次名为“土建筑”的大型展览，颂扬了生土建筑所展现出的文化多样性。

二十年前……1989 年，《土建造手册》（*Traité de construction en terre*）出版。直到今天，这仍是关于生土建造的最基本、最全面的手册。

十年前……1998 年，一些通过生土建筑研究中心与格勒诺布尔国立高等建筑学院联合实验室（CRAterre-ENSAG）完成了为期两年培训的生土建造专家们成立了一个专门的研究与教育机构，同时组织了一个国际性的大学网络，由联合国教科文组织领导，这就是“生土建筑、文化与可持续发展”教席。

今天……在蓬皮杜中心那次展览二十八年后，巴黎科学城与 CRAterre-ENSAG 实验室联合组织了一次大型展览“我的原材料——土：建筑明天”，同时出版了本书。这些都是五年前“建造的种子”教育计划的延续，该计划旨在向公众介绍对于土这种材料的科学研究，同时也是对国际生土建筑研究中心在教育、科学、文化传播等方面的补充。

这本书既献给那些有好奇心的人们，也献给相关的专家。它的独特之处是利用了该领域最新的研究成果，通过科学地理解土这种物质，以实验的方式展示并介绍用土建造的相关知识。另外，作为本书内容的延伸，读者还可以登录 Belin 出版社的网页（www.editions-belin.fr）查看一些实验操作的视频，以及与本书有关的参考文献。

2009 年

"为菜圃或花园筑围墙这很常见，但围起一个帝国却是非同小可。"

豪尔赫·路易斯·博尔赫斯（Jorge Luis Borges）
《长城与书》

为什么用土建造？

用脚下的材料建造

在我们这个星球上，中国的长城是一件绝无仅有的建筑作品。但与我们多数人脑海中的固有印象不同，它并不是完全由石块建造：有数千公里其实是用土筑成的！它犹如一条变色龙，随着所处地域的不同而改变着自己的状态，在石头地上就用石砌，在土地上就用土筑，有时甚至在沙漠里，就用沙来建。选择材料的规则很简单：脚下有什么就用什么。的确，面对幅员辽阔的疆土，人们不可能将原材料从其开采地运输至太远的建造现场。比如在岩石林立的山区，石块自然是优先采用的建造材料。但在中国的西北部，长城不仅穿越了宽广的平原及沙漠化地区，还经过了将内蒙古与中原隔开的辽阔戈壁，这些地区的主要资源就是土，它是这里唯一可用的建造材料。而烧结砖在那里则非常罕见，因为要进行烧制，就必须得有足够的木材。

可持续性建筑

一个地区的地质状况与其建筑有着各种紧密关联是非常普遍的现象。在世界各地，人们都会利用当地的材料来建造自己的家园，而土常常是唯一可用于建造的东西。即使在今天，据估计，全球仍有约一半的人口住在由生土建造的房子里。

用土来建造房屋并不是我们在一些生态博览会中所见的所谓解决生态问题的新方向，而是很久以前人类从游牧转向定居生活后的自然选择。这个有着一万一千多年的古老传统见证了人类艰辛的建造历程：从房子到小村庄，再到城市，它伴随着人类文明从远古直到今天的发展历史。在每个历史时期，它都为人类提供了应对那个时代的问题的解决方式，哪怕在今天，面对能源与气候危机以及全球性的住房问题，它仍能为我们提供解决这些问题的可能性。

↓ 原材料取自地表种植土以下的深层土。

↓ 土在采取之后一般不用做什么额外处理，但在使用前，捣碎或过筛、搅拌仍是必要的。

↓ 模制土砖，把原材料变为建筑材料。

↓ 用土砖砌拱。

这类建筑的优势终将使其在现实中重获应有的地位与意义。

保持多样性

第二次世界大战以后，用土来盖房子在一些富裕的国家已经过时。而如今，因为一些有才华的建筑师不断地努力，它又开始重新被世人关注。在大部分的建筑从业者眼中，土是粗劣的材料，这些“泥”没什么商业价值。然而矛盾的是，这种材料的主要优点正是其自然流露出的朴素特性。就像本书第 1 章所述，土的普世性产生了大量令人印象深刻的技术与多样的文化，以及丰富的传统与最现代的实践。

材料的秘密

也许是个巧合，生土建筑复兴的同时，作为基础理论研究工具的科学也得到了快速的发展，这为我们更好地了解这个材料提供了重要的支持。本书的第 2 章将通过一系列戏剧性的实验，来揭示沙子、黏粒和水之间奇特的组合关系。最后，我们将看到，在今天的土壤科学研究领域中，对土的这三种主要成分的研究所具有的广阔前景。这些内容不仅使传统建造者的实践重新焕发光彩，也让我们在深入了解土这种最普通的物质同时，为未来带去更多的创新。

↓ 这些柱子与拱券结构完全由生土建造。

↓ 土建筑上的防雨构造。

↘ 一个由众多土建筑聚集起来的居民点，哥伦比亚的城镇巴里查拉(Barichara)。

↑ 在中国甘肃省，嘉峪关附近的长城均为生土建造，土是当地唯一可就地取用的建筑材料。

从尘埃到建筑

在世界各地，工匠们能将泥土加工成各种建筑材料，比如通过晾晒得到土坯砖，然后又将这些材料组装成各种构造元素，如墙壁、拱券或穹顶。一旦它们组合在一起，这些泥土就能成为可遮风挡雨的真正建筑。历史上那些由土建造的城市不仅庇护了万千居民，而且也总能完美地适应当地的自然与文化环境。

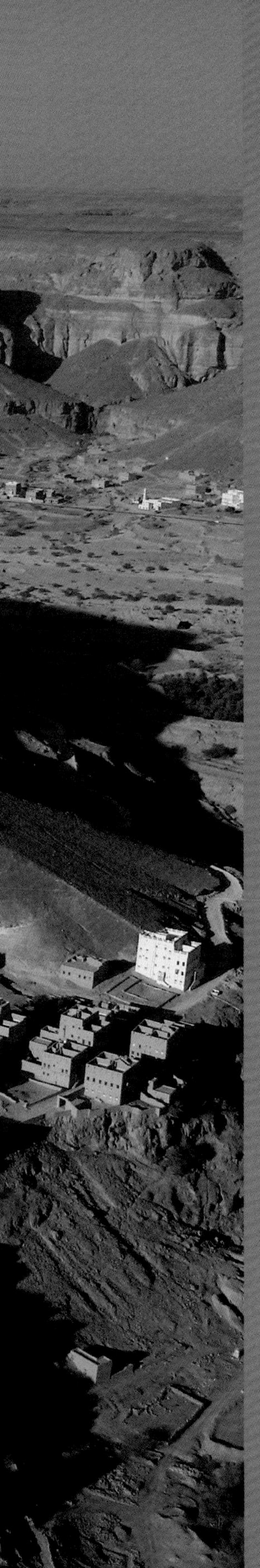

← 也门多昂河谷，土建筑完美地融合在沙漠的环境中，成为自然景观的延伸。

“随着时间流逝，在阳光和雨水的作用下石头变成了黏土。”

拉齐（*Rhazès*）
10世纪阿拉伯药学家

1
建筑

在一些矿区或沙漠地带，土建筑总会与自然景观融为一体，似乎从土壤中生长出来一般。

山谷中的土壤经过大自然数百万年的改造，成了如今的模样。它们本都是山脉中的岩石，在时间漫长的洗礼中，历经了各种复杂的侵蚀、破碎以及溶解的过程，最终成为碎屑，这些碎屑作为被风化与蚀变的岩石残余物，由形状、大小各不相同的颗粒物组成，构成了土壤的来源。但岩石与土壤的关系并不如此简单，因为组成土壤的颗粒也可能在经过漫长的转变后，又重新成为岩石。所以像沙、黏粒或其他种类的颗粒物，也只不过是这种矿物质的某种过渡状态。

有时，建造者也会参与到这个漫长而宏伟的地质循环中。工匠们会把这些被大自然运输和沉积在山谷底部的土壤颗粒压制成砖，再建造成墙。这些材料坚固且有黏性的特征来自大自然对其长时间的分解与改造。因此土建筑也成为自然造物的一种延续，图片中这些土建筑（也门多昂河谷，Wadi Doan）看上去就像长在山谷的自然景观中。作为人造物，这些土房子终有一天会被居住者遗弃，而后，一切尘归尘，土归土。那些土壤颗粒会再回到属于它们的地质循环中，继续书写自己的历史。它们作为可循环利用的材料被用来建造的这一小段历程，也被融入这个星球更广阔的生态循环之中。

让我们开始土建筑及其工艺的探索之旅吧，从美索不达米亚最早的城市直至现代的建筑作品，历数世界文化遗产中那些最具象征性的范例。那些令人惊叹的作品揭示了这个持续了数千年的建造传统在生态、文化、经济与社会等多个层面上，从未停止过更新与创造。

半数的人类生活在土建筑里

地球上所有的大陆都有土建筑存在，根据美国能源部的说法，世界上约 50% 的人口生活在由生土建造的房子里 *。另外，在联合国教科文组织的世界遗产名录中，也有超过 15% 的建筑为生土建筑。

* 截至 2010 年——译者注。

传统生土建筑分布
联合国教科文组织世界遗产名录
中的生土遗产（截至 2010 年）

沙漠中的城市

沙漠中的城市由于是在恶劣的气候条件下，以尽量少的资源发展起来的，所以本质上都是生态城市。它们中的大多数都是用土建造起来的。因为缺乏木材与石头，土便是最好的选择。幸运的是，这种材料也确实很适应沙漠的环境：它能给予人们自然凉爽的温度调节效果。比如希巴姆（Shibam）和加达米斯（Ghadamés）这两个联合国教科文组织认定的世界遗产城市，就给我们思考未来城市如何面对能源危机与温室效应提供了很好的启示。

↙ 也门希巴姆的生土建筑群，世界上最早的摩天楼城市（16世纪）。

希巴姆
沙漠中的曼哈顿

泥土建造的城市

号称“沙漠曼哈顿”的也门希巴姆古城是一个完全由土建造的城市。它位于哈德拉毛省（Hadramaout），居民数量7000人左右。因为它是第一个以垂直向建筑为主的城市实例，所以被认为是世界上最古老的摩天楼城市，因此被纳入了联合国教科文组织的世界遗产名录。它由大约500座建筑组成，大部分都可以追溯至16世纪。其中一些建筑达到8层，近30米高，是世界上最高的生土住宅。为了建筑能越建越高，越向上的结构会处理得越小些，所以墙身有一定的内倾，整体来说下大上小。另外，底层的开窗都比较小，越向上窗口的尺寸越大。希巴姆更令人着迷的地方还在于建造材料主要为模制土砖，我们也称为土坯砖。

未来城市的范本？

今天的城市扩张因为耗费了大量的空间与能源而不断地遭受批评。建筑师和规划师们都认为未来的绿色城市一定是紧凑而高密度的，这样能够大大缓解交通对环境的影响。比如，著名建筑师雷姆·库哈斯就以希巴姆古城为榜样，为阿联酋的沙漠地区做了若干高密度的城市设计方案。高技派建筑的代表人物诺曼·福斯特也同样从希巴姆这个古老的生土城市汲取灵感，借鉴其城市规划方式，为阿布扎比提供了一个类似的方案。

也门希巴姆的工匠们只用“泥巴”和双手就把这些房子建到了29米的高度！

↑ 希巴姆的房子越往上建造，墙体的厚度就越小，窗口就越大。

← 位于希巴姆古城东北100千米的塔里姆（Tarim），阿尔穆赫达哈（Al Muhdahar）清真寺的宣礼塔是全世界最高的土建筑，高达53米。

← 加达米斯的屋顶以白色石灰浆作为表面的涂层，来反射炽热的阳光。

加达米斯
沙漠珍珠

↑ 城市里这七个区域（图中深色部分）都是围绕着历史上的取水点形成并发展而来。

→ 加达米斯老城区的房屋都比较高，相互连接，围合并遮蔽着迷宫般的小巷。

加达米斯，阿拉伯语中意为“沙漠中的珍珠”。它建在利比亚的一片绿洲中，与突尼斯和阿尔及利亚接壤，是北非地区最古老的城市之一。在古罗马时期，这个定居点名为 Cydamus，曾是罗马帝国在撒哈拉沙漠中最偏远的要塞城市。处于数条沙漠商路的交会处，许多世纪以来，它一直是此地区的商业重镇之一。中东、撒哈拉以南地区和马格里布（非洲西北部）在此汇合，使加达米斯成为多种文化思想交汇的十字路口。这里的生土建筑与沙漠环境完美共生，如今已被列入联合国教科文组织的世界遗产名录。也是在这里，诞生了人类生态聚居的典范。

恶劣的环境

在这片辽阔荒芜的大地上，方圆数百公里的范围遍布着石头、沙子和被阳光晒成暗红色的黏土。人们必须得考虑如何适应这种恶劣的环境。首先，最大化地利用绿洲中仅有的可耕种土地，来实现食物的自给自足；其次，酷热的沙漠迫使建筑本身需要为居住创造凉爽的温度条件；最后，还必须避免居民和水源受到沙漠中强盗的袭击。应对这三重限制和需求（农业、酷热和防御）的答案便是这个非常紧凑、高密度的城市。高耸的房屋相互连接，只有屋顶和位于城市外围的建筑高墙暴露在炙热的阳光之下。这些环绕着的高墙就像城墙一样，是这个绿洲复杂的防御体系中最后一道屏障。

空调城市

为了避免房子过热，老城区的天台表面刷有白色的石灰浆，以便反射阳光。密布的房屋产生了迷宫般的小巷网络，同时也能为这些小巷遮蔽阳光。只有间或出现在屋顶的通风口能将阳光放进来，划分出一段段阴影。这些洞口能有效地为城市降温，根据在屋顶上高度与位置的不同，它们既是捕风的陷阱，又是拔风的管道，能使热空气通过主房间天花板上的通风口排出，构成一个从小巷一直延伸至室内的自然通风系统。

历史

传说中发现加达米斯水源的是宁录（Nemrod）部落中的骑士，他们也建立了圣经中大洪水之后的第一个帝国。这些骑士们在沙漠中往来穿行，在一次休息停歇时，队伍中的一匹母马用蹄子不断敲击地面，于是一处泉水涌出。从此这眼泉被命名为“牝马之泉”（Ain El Fras）。泉水的发现距今有 5000 多年。加达米斯早期的七个聚落像三叶草一样环绕着这眼泉水分布，组成了城市的历史中心。由于一套卓越的灌溉系统，这里很快发展成为撒哈拉沙漠里最早的要塞城市之一。

↑→ 在传统上，被房屋覆盖的街巷是仅限男人们使用的交通空间，女人们则只能通过天台来穿越城市，天台也就成了女人们的交往空间。

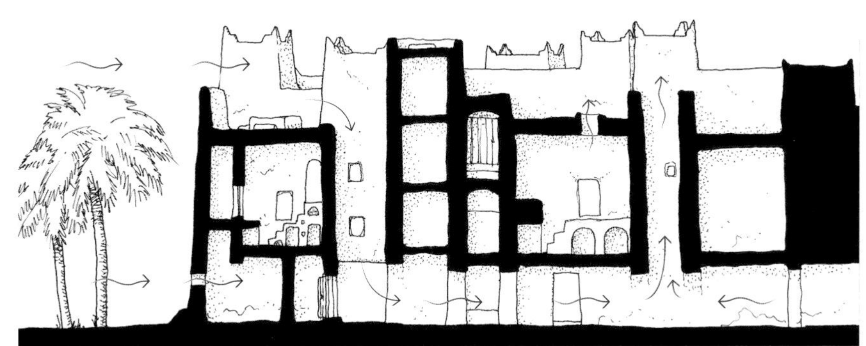

← 风从较大的采光井灌入小巷，然后通过较小的洞口排出。

防暑降温

能够保持凉爽的另一个原因是，厚实的墙与地板都是由生土建造，它们能够有效缓和昼夜的温差。另外，因为天台的面积占到房屋与室外接触面积的 80%，所以过去的加达米斯工匠对这部分做了非常特别的处理。主空间上方的楼板用整根的棕榈树干作为承重梁，虽然跨度很大，但他们仍然果断地将生土楼板的厚度做到了 50 厘米！任何一位结构工程师都会拒绝这种程度的荷载，可是加达米斯的工匠却更在意天台应对气候时的表现，同时对于严格选出的棕榈木梁也很有信心。土楼板的上半部分有两层轻质的多孔构造，一层是石膏碎粒，另一层是粉状土。这两层“海绵”减轻了天台的重量，还能吸收部分雨水，并隔离白天的高温与夜晚的寒冷。楼板的下半部分为密实的土层，用来保证其力学和热工效果。加达米斯这些房屋自然的温度调节功能还部分归功于土料中的黏土。随着温度的升高，黏土表面凝结的液态水会蒸发，墙壁随之降温，使室内变得凉爽。这种能“出汗”的墙就像我们的皮肤一样，可以通过蒸发汗液来调节身体的温度。

亚兹德的风塔（伊朗）

所有的沙漠城市都有一套自己的天然通风系统，用来给房屋降温。最有代表性的是伊朗亚兹德（Yazd）的风塔，被称为“bagdir”，在波斯语中意为“捕风者”，能够从塔顶捕捉流动的空气。风塔由模制土砖建造，看起来像一座巨大的烟囱。平面呈矩形，长、宽均为 3~5 米，高约 15 米。它们在夏季能够加快空气的流通，产生舒适的过堂风，地下、花园或池塘蒸发的凉爽空气被吸入室内，最后在风塔顶部被排出。

实例

沙漠里的住居

生土是炎热或沙漠化地区最理想的建筑材料。北非和中东大部分绿洲城市都是用生土建造的。

→ 在摩洛哥的 ksar（柏柏尔人的防御性村落建筑）中，只有这种被建筑遮蔽的小巷才能抵御夏天的炎热，享得片刻的阴凉。

1. 纳季兰（Najran）绿洲是隐藏在沙特阿拉伯的珍宝。这些由生土建造的防御性建筑是与相邻的也门北部地区文化融合的结果。

2. 萨阿德伊本萨乌德（Saad Ibn Saoud）皇宫位于距离沙特首都利雅得 20 千米处的历史古城阿尔迪里耶（Al-Diriyah），自 1774 年起成为沙特第一王朝的王子府邸。

3. 伊朗的巴姆（Bam）城堡，在 2003 年的地震中被毁坏了大部分。

4. 这些土房子是叙利亚阿勒颇（Alep）地区非常有特色的民居。在这个半干旱地区，由于缺少木材，建造穹顶的材料是生土砖。

5. 阿曼苏丹国的巴赫拉（Bahla）要塞，材料为生土砖，建造于 13 至 14 世纪。

6. 在摩洛哥隐藏着处用土建成的防御性村镇的珍贵样本：阿伊特·本·哈度（Ait Ben Haddou）要塞。

1

4

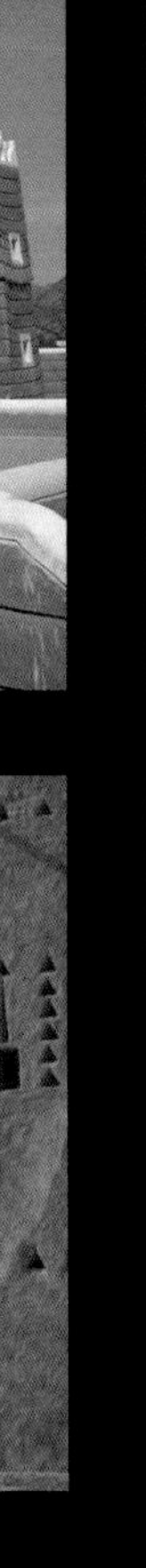

2

5

3

6

里克·乔伊
沙漠建筑师

在亚利桑那州的沙漠里，美国建筑师里克·乔伊（Rick Joy）恢复了绿洲城市的传统，坚定地实践着现代生土建筑。那些夯筑的墙体不仅与当地的环境完美融合，更由于生土的使用，创造了具有极高热舒适度的室内空间。

土与现代建筑

像美国、澳大利亚、日本一样，在欧洲的很多国家，不少建筑师也重新开始在建造中使用生土。这一趋势并非近几年才出现，从 1973 年第一次石油危机以来，自然资源忽然明显不够用了，很多地区传统的生态环境在气候上都产生了特殊的变化。该趋势正是对此类现象强烈关注的结果。这意味着因地制宜的地域建筑应尽可能地使用当地材料来回应居民的需求。比如土就直接取自当地，不需要运输，也就没有了运输中的能耗成本，而且土有着出色的热工性能。这些优点都能够在一定程度上应对当前的温室效应与能源消耗的困境。同时，这也促进了“生土”这一特殊工业领域的革新与发展。里克·乔伊就是该运动中优秀的建筑师之一。他的作品总让我们想起另一位成功者：同是美国人的弗兰克·劳埃德·赖特（1867—1959）。

在景观中建造

赖特，建筑变革中标志性的人物。在他之前，他的同行们已经开始倡导现代建筑的“国际式”风格，并完全与过去的传统划清界限。正像“国际式”这个称呼所指的那样，它抹去了地域主义这一概念，为的是确立以钢、玻璃、混凝土为建造材料的现代建筑的地位。这一变革通过对以上几种新材料的使用，转变了我们思考和设计空间的方法。而此时，赖特却相反地重新倡导起了传统建筑的一个基本特征——融入景观，并以此出版《有机建筑》。他认为房子应该像是自然生长的，它是场地特征与人们需求相结合的产物。

沙漠中的建筑

作为赖特的同胞，里克·乔伊的设计正是这种思想的延续。这里介绍的作品就是建在一处壮丽的沙漠环境中。他尤其钟爱夯土这种在模板中将半干的土逐层夯实的工艺。这种工艺建造出的墙面看上去浑然天成，效果类似混凝土，但更美妙，因为土的颜色完全呼应了周边的景观，由工艺方式产生的水平方向线条更使整个建筑好像自然中的巨石。凭借着土墙本身能调节室内昼夜温差的特性，房子里更有着无可比拟的热舒适度。里克·乔伊的长处正是通过对这些土墙精心的设计，创造出明亮且开放的建筑空间。

↓ 在这个炎热的地区，遮蔽阳光的最好办法就是减少直射室内的光线。沙漠中的传统建筑，墙面开洞很少且尺寸偏小，就像里克·乔伊设计的这个工作室。亚利桑那州图森市，1997 年。

↑↓ 夯土墙表面能呈现出水平方向的线条，房子就好像激光切割过的自然石块，完美地融合在沙漠景观中。土墙的颜色也正是亚利桑那州这片沙漠的写照。

在室内，光线从天花板的开口处沿着夯土墙倾泻而入，使墙面呈现出特殊的肌理效果，而几个方形的壁龛又与光线形成了美妙的对比。

这个“轮盘”介绍了 12 种主要的生土建造工艺。外圈的数字可对应参照右页的照片。

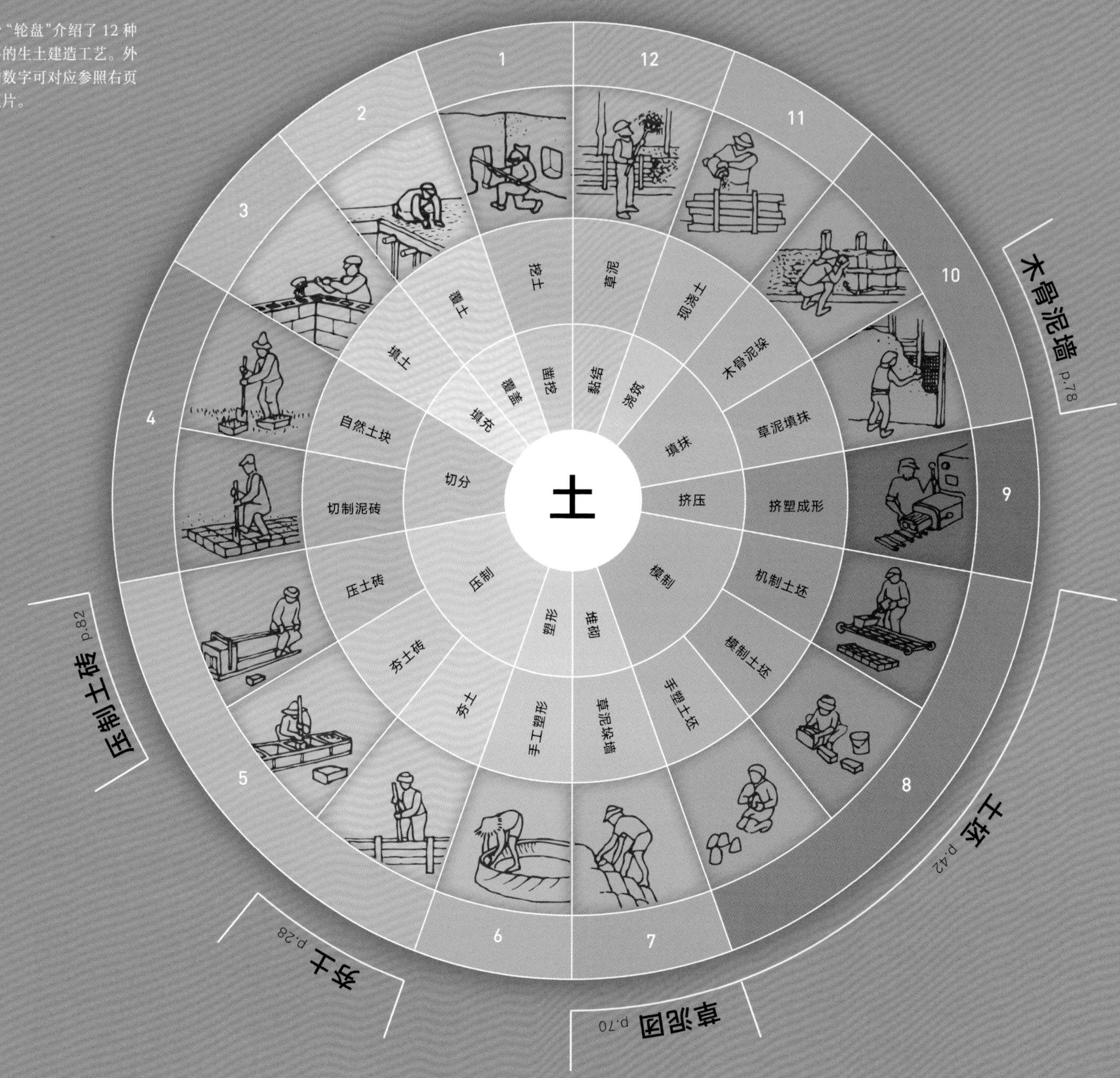

工艺轮

土的施工工艺有很多种，这里选择其中 12 种不同的方法 *，通过一个轮盘的形式加以介绍。这个轮盘是根据土作为原材料在加入不同比例的水后所形成的几种状态来划分的：干燥、潮湿、塑性、黏稠、流体。

* 出自 Hugo Houben 与 Hubert Guillaud 的《土建造手册》，Parenthèses 出版，1989 年。

1 凿挖

2 覆盖

3 填充

4 切分

5 压制

6 塑形

7 堆砌

8 土坯

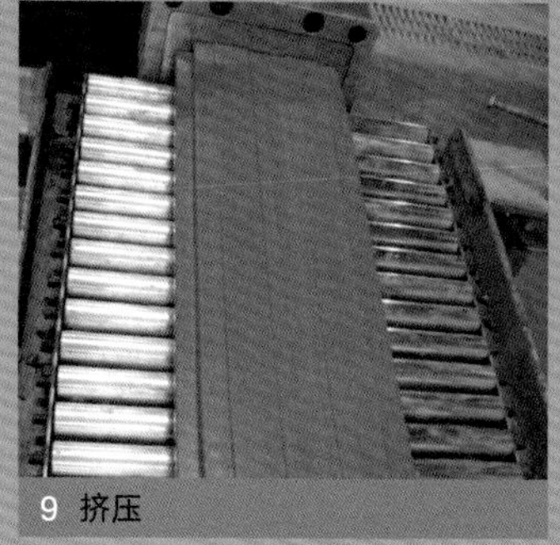

9 挤压

10 填抹

11 浇筑

12 草泥

土中加水的比例

干燥土

[含水量：0~5%]
呈块状的土非常干燥时，不用工具很难将其破开；而呈粉状的时候又很难将其捏合——使土这种物质变为建材，水是一种非常基本的配料。

潮湿土

1 2 3 4 5

[含水量：5%~20%]
松散的土，摸上去有些潮湿，它仍很难塑形并用于建造。这时，判断它能否使用有一个实用的方法：单手将土用力捏成团，然后松手使其自由落地，能够摔碎成几块的话，表明其含水量适合夯筑。

塑性土

6 7 8 9 10

[含水量：15%~30%]
塑形方便，捏合成团后不易黏手。

黏稠土

8 9 10

[含水量：15%~35%]
呈黏稠状，不能流动但很黏手。这种状态的土很难捏合成团。

泥浆

11 12

土壤与水完全混合，很稀，液态，可流动。

技术

夯

夯筑是将潮湿状态的土在组装好的模板中以压力夯实的工艺，这样建造出的土墙非常厚实。土夯实后就可以立即拆模。在春秋两季，土壤的含水量一般都适合于夯筑，可以直接使用。这种简单的工艺可以神奇地将一堆土转变成坚固而密实的墙体。但它的施工相对耗时，对于发达的工业化国家来说，是比较奢侈的选择。夯筑施工在拆模之后，无需额外的饰面，墙面就可以呈现出建筑师们喜欢的色彩与肌理效果。

→ 在摩洛哥，工匠们使用木模板夯土，沿着水平方向一段接着一段操作。

↓ 在 1920 年以前，法国的多菲内 (Dauphiné) 地区，夯土的房子主要由木匠建造。一战期间，这种房子被大量毁坏。

工作流程

↑ 施工现场取土

↑ 将粉碎好的潮湿的土料装入桶中

↑ 将土料倒入模板

↑ 在模板中将土料逐层铺开

↑ 用夯锤将土层夯实

↑ 拆除模板

1

2

3

夯土

前面提到的这些工艺中，只有夯土是可以在土中掺入卵石或砾石的。在环绕阿尔卑斯山的冰川沉积层里，这种含有碎石的土壤普遍存在，是名副其实的“黏土混凝土”，可直接用于施工［p.104-105 和 p.132-133］，是极佳的用于夯筑的土料。颗粒更细小的、不含碎石的土壤也能够在模板中被充分压实，但前提是不能含有太多黏土，否则干燥过程中易产生裂缝。

传统的夯土施工

在春秋两季，土壤的自然含水量一般能够适合夯土施工。从地里取土后立即倒入木模板，模板由木方紧固，并需要由穿过模板的木制对拉杆进行加强，以便抵抗夯筑时水平方向的推力。土料倒入后应摊开铺平，每层虚铺10~20厘米厚，再用夯锤夯实，逐层重复。夯锤是一种下端固定着金属或木制锤头的工具。每当一段模板夯满，这组模板就沿着墙体水平移至紧邻的下一段继续操作。

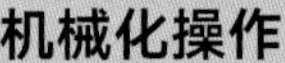

机械化操作

今天，夯实土料使用的是气动夯锤。这种更加便捷高效的工具原本应用于铸造工业中的填砂处理，夯击频率可达每分钟 700 下。另外，如今的模板系统也得到了大幅改进，更加灵活和多样。很多时候也可以直接使用工业化的混凝土模板，比如“爬升模板”，这种竖向施工方式的效率远超水平向的传统施工。木制对拉杆也被螺纹钢替代，在建造较窄的窗间墙时甚至不再需要对拉。还有些现代机械既能搅拌又能将土料直接倒入模板，比如这种搅拌铲车（见对页），它可以同时筛选石子、调节水量、搅拌土壤，然后将其倒入高处的模板。

1. 一个中国工人正在用气动夯锤夯土的身影投在了刚完成的夯土墙上，墙面的碎石清晰可见。

2. 传统夯锤的锤头多由木材或金属制成。

3. 今天，夯筑更多地使用气动夯锤和工业化的混凝土模板。

4. 气动夯锤夯击频率可达每分钟 700 下。

5. 这是市场上不同类型的气动夯锤，更加轻便和易于操作。

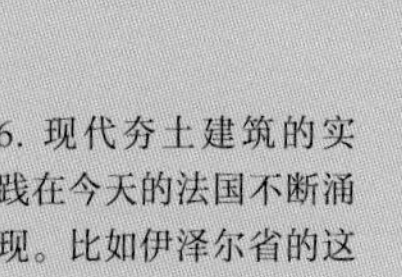

6. 现代夯土建筑的实践在今天的法国不断涌现。比如伊泽尔省的这所学校，由建筑师 B. Marielle、M. Stefanova 与 V. Rigassi 共同设计。

4

5

6

历史

尽管看上去很简单，但相比其他三种主要的传统土建造工艺（土坯砖、泥堆砌、泥填抹），夯筑要复杂得多，比如模板就是一个相对复杂的因素，而其他三种工艺几乎不使用什么工具。人类用土建造的传统虽然已经有一万一千多年，但夯土建筑的出现相对较晚，在西方世界首次被发现是在迦太基城遗址，这是位于突尼斯境内的腓尼基人在公元前 814 年建立的城市。这一技术随后在马格里布地区和地中海沿岸传播。从 7 世纪起，随着伊斯兰教的扩张，夯筑技术传到了欧洲，首先是西班牙，然后是法国。至近几百年，法国建筑师兼承包商弗朗索瓦·昆特罗（François Cointeraux，1740—1830）编写了三十多本相关的书，被翻译成七种语言在欧洲流传，并传到美国与澳洲。

↑ 搅拌铲车（godetm-alaxeur），起重机的铲头集成了一个搅拌器，可以同时筛土、搅拌，并将土倒入高处的模板内。

土的含水量

夯筑的时候，土料处于一种“湿润”状态，介于干燥和塑性状态之间，外观有些松散，但摸起来是潮湿的，没有足够的可塑性。在施工现场有个判断土料含水量合适与否的方法：试着单手用力将土料握捏成一团，从一米左右的高度松手使其自由落于地面，如果碎成三四块，表明含水量合适，可用于施工；如果完全碎掉，就是太干；如果仍维持一团，就是太湿。

夯土墙

夯筑而成的墙体一般都平直而厚实。使用特殊模板的话，土墙也可以是曲面的。另外，墙体上致密的水平分层清晰可见，这是夯土墙特有的肌理效果。

夯土建筑遗产

世界遗产名录里有很多是夯土建筑。最有象征性的几个例子都在中国：长城的某些段落、客家土楼［p.84］、拉萨的布达拉宫。另外还有摩洛哥的马拉喀什（Marrakech）、梅克内斯（Meknes）和阿伊特本哈杜（Aït Ben Haddou），西班牙的阿尔罕布拉宫（Alhambra）。在法国，它们主要分布在罗纳 - 阿尔卑斯地区（Rhône-Alpes），占到了当地乡村传统建筑的 40%。在里昂的红十字地区（Croix-Rousse）也有一些夯土建筑。世界上夯土建筑最密集的地区在以色列北部，比例达到 90%。这些千姿百态的夯土建筑遗产涵盖了乡村住宅、农庄、阁楼、教堂、庄园，以及城市中心的塔楼等诸多类型。

未来住宅

人们希望在未来建造与拆除房子时，可以几乎不产生能耗，也不再需要暖气和空调。这是个十分艰巨的挑战，因为在法国，能源消耗最大的领域就是建筑业（占总能源消耗的 45%），大大超出工业（28%）与交通运输业（26%）。其二氧化碳的排放量也占到总排放量的近四分之一（23%），与工业（24%）领域齐平，排放量最大的是交通运输业（35%）。* 然而法国政府计划所有这些排放值要在 2050 年时减少四分之一，那么用生土来盖房子能否成为一个理想的解决之道呢？

建筑业、能源与二氧化碳

改变住居方式是一项涉及生态、地理和政治的严峻挑战。在工业化国家，建筑从建造、使用到最终拆除，所有的阶段都产生能源消耗和二氧化碳排放。这些从建筑材料的生产就已经开始：水泥的制造，仅此一项就占全世界二氧化碳排放总量的 5%。然后是材料运输与建造过程。其次，采暖与空调的需求也占据了能源账单的大部分。最后，当建筑拆除时，还得解决材料的储存与回收问题。这些问题从头至尾贯穿了建筑的整个生命周期。

土的优势

用土造房子的能耗则非常低，只需要对土壤进行采选，需要时混合适量的水，然后将其置入模具或模板，这些过程都可以在现场完成，不必运输。而当建筑拆除的时候，土又能回归为土，可以往复循环。这对生态几乎没有破坏。在炎热的地区，它能扮演天然空调的角色；在寒冷地区，土墙能在玻璃幕墙后作为保温层，巧妙地吸收南向的阳光，将阳光转化成热能储存并释放出来。由于这些优势，土显然会是一种我们在未来不可或缺的建筑材料。

一种未来住宅的原型

在炎热的地方，用生土建房的优势尤其显著。凭借土良好的热工性能，它能自动调节昼夜的温差，从而保证室内温度的舒适和稳定。在寒带和温带地区，土有必要和一些保温材料配合使用，以获得最佳的效果：保温层阻止热量流失，同时生土本身的热惰性又能缩小室内外的温差。2010 年，在“欧洲太阳能十项全能”（Solar Decathlon Europe）大学生竞赛中，格勒诺布尔国立高等建筑学院提出了一种低能耗的未来住宅原型[1]——一个只使用太阳能的 75 平方米的小住宅，以“低技策略”用土建造，结合保温材料与先进的太阳能收集设备，并配置了可根据主人需要自动调光的立面系统，来创造最佳的气候环境。

法国能源消耗最大的领域就是建筑业（占总能源消耗的 45%），排在第二和第三的是工业（28%）与交通运输业（26%）。

1. 该方案[见对页]名为“犰狳盒子”（Armadillo Box），由 ENSAG-GAIA-INES 合作完成，指导教师为格勒诺布尔国立高等建筑学院的 Pascal Rollet，学生：Marc Auzet、Émilie Braudo、Quentin Chansavang、Juliette Goudy 与 Guillaume Pradelle。

* 法国环境与能源管理署（ADEME）2008 年数据——译者注。

技术

零能耗的范本

↓ 建筑的“核”是一个完全预制的体块，内置所有水处理相关设备(浴室、厨房、厕所等)。

↓ “皮肤”有着良好的热工性能，土与保温材料结合建造，以平衡昼夜温差。

↘ “壳”是防护罩和太阳能设备(太阳能板、遮光模块等)。

房子的完整装配只用了五天时间。

↗ 室内使用土和木等令人感觉温暖的自然材料。

“低技—高技”！
是“犰狳盒子”这个低能耗示范方案的口号，也是“欧洲太阳能十项全能”大学生竞赛的宗旨。土与保温材料配合太阳能设备的使用，能够完美实现建筑对昼夜温差的调节。

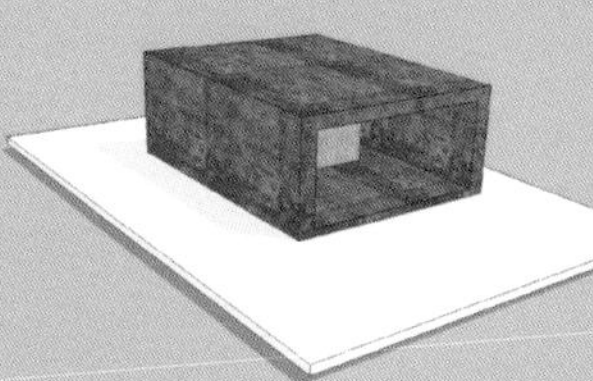

主要的几种传统生土建造工艺曾经在法国各地普遍存在，可今天，除了山区以外，这些工艺却正在失传。直到它们快要消亡了，人们似乎才想起这些工艺。为什么它们就在眼前，就在我们的城市、我们的乡村，却仍然被遗忘？

← 这所诺曼底的住宅为生土建造，用的是草泥团砌筑工艺。因为有屋面的挑檐和石砌的墙基来防止雨水的侵袭，所以墙面没有必要再做抹面。

← 图卢兹的这座房子大量使用了生土砖，也称为土坯砖。它的颜色更明亮，和门窗边框、立面边角所使用的烧结砖形成了鲜明的对比。

法国乡土民居

木骨泥墙、夯筑、草泥团与土坯砖

在世界的任何一个地方，地理环境总会使某几种自然材料被优先选用来进行建造。法国也不例外。从那些老建筑上可以发现，一旦缺乏石头和木材，人们就会使用生土来建造：这些建筑约占全法国建筑遗产总量的 15%。木骨泥墙构造，或称柴泥墙构造，是法国北部诺曼底（Normandie）、庇卡底（Picardie）、香槟省（Champagne）、阿尔萨斯（Alsace）等地区传统建筑的典型构造方式。它以木材作为结构骨架，然后用泥土填充。这种建筑的数量占到该地区传统建筑的60%。另外并不广为人知的是，将土在模板中分层夯压得到厚实土墙的这种夯筑技术是现浇混凝土技术的前身。以这种工艺建造的房子，在罗纳 - 阿尔卑斯地区乡村的传统住宅里占到 40%。这一比例在伊泽尔省（Isère）达到 90%。在法国西部，特别是布列塔尼（Bretagne）、旺代省（Vendée）和诺曼底地区，这里土墙的做法通常不使用模板，而是将搅拌了草秆的泥团填充进木制骨架的空隙之中。最后就是土坯砖，这是一种将模制的泥块自然风干后形成的土砖。土坯砖砌筑技术被大量使用在法国的西南部，尤其是在图卢兹（Toulouse）地区和热尔省（Gers）。

→ 这些房子的墙，不论有没有抹面，都是夯筑的土墙。该技术在罗纳 - 阿尔卑斯地区被广泛使用。

← 这座 16 世纪的教堂坐落在马恩省（Marne）的乌蒂内（Outines），为木制骨架，草泥填充。这种木骨泥墙的结构系统也被称为木筋墙或柴泥墙，在法国北部非常普遍。

不可见的建筑

土建筑当然存在并且是可见的。但如果土墙外面经常有石灰或水泥的饰面层，土这种材料自然会被忘记，然后在未来成为一个只供社会学家研究的案例。二战结束时，由于重建家园的紧迫需求，以及掌握建造技术的工人的减少，新材料如玻璃、钢材和混凝土被大量使用。这注定对用生土建造是一个打击。60 多年过去了，情况已发生改变。人们不再需要尽快重建一个被炸毁的国家，而是要找到解决世界能源危机和温室效应问题的方法。为了重新发现生土建造的魔力，该忘记水泥的诱惑了。

1. 在安省（Ain）的圣特里维埃德库尔特（Saint-Trivier-de-Courtes），这种16世纪末期的农庄采用了木骨泥墙的构造方式。

2. 草泥团的砌筑工艺主要分布在法国西北部，尤其是下诺曼底（Basse-Normandie）的科唐坦半岛（Cotentin）地区的乡村。

3. 这是位于旺代省普瓦图沼泽地区的代表性民居，使用了草泥团砌筑，当地称其为“bigôt”。屋顶覆盖有茅草，土墙面涂抹着石灰浆。

4. 在夯土墙表面使用石灰进行抹面是多菲内地区伊泽尔省圣赛万（Saint-Savin）的典型做法。

5. 这也是个位于安省布雷斯（Bresse）地区的农庄，墙基为石砌，墙身为夯土，角部则是烧结砖。

6. 在图卢兹地区这种19世纪的农庄建筑中，生土砖和烧结砖常常会共同使用。

1

2

3

4

5

6

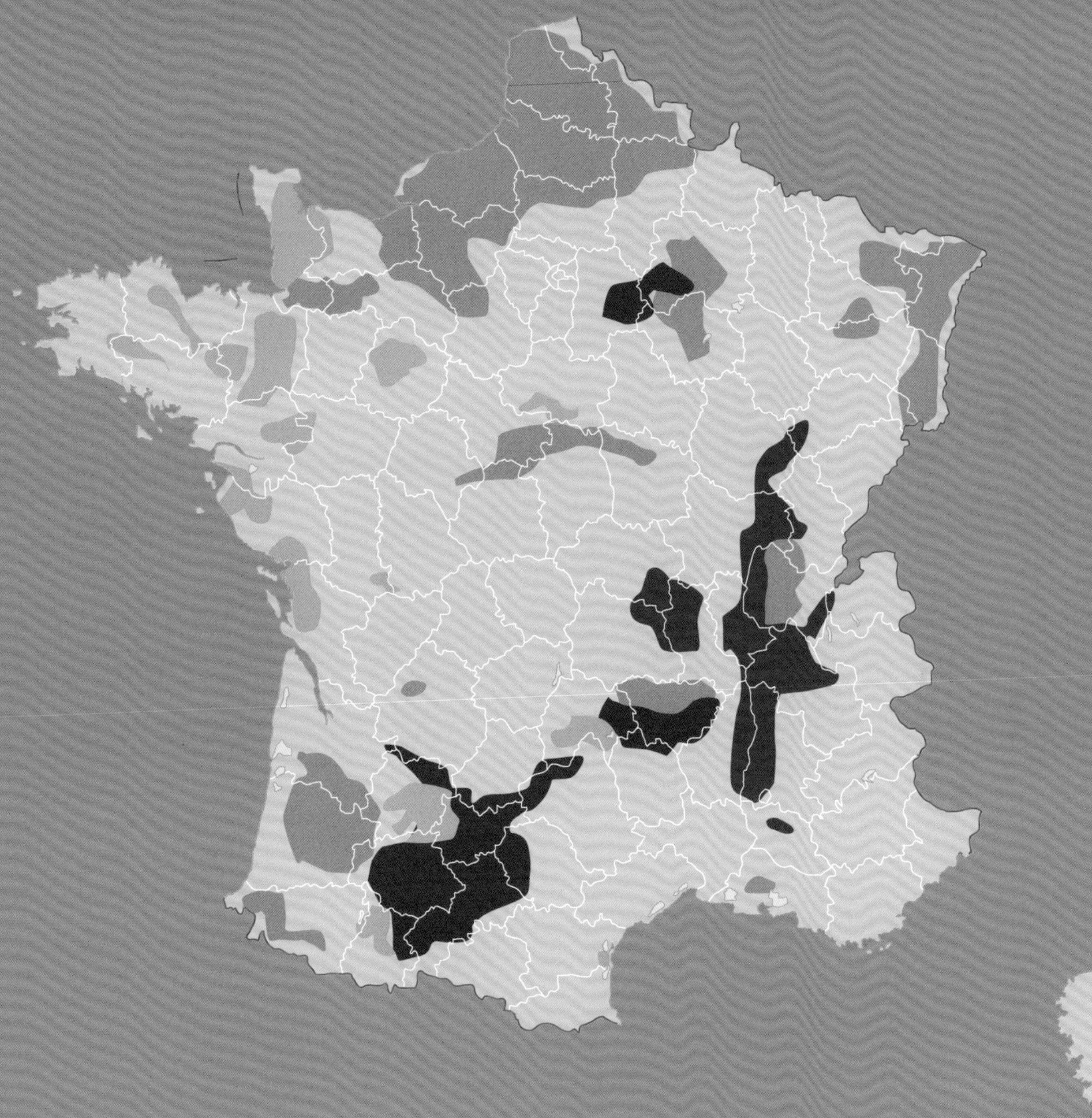

法国的土建筑 *

在法国所有的建筑遗产中，土建筑占 15%。土坯或生土砖主要在法国西南部的图卢兹地区使用。木骨泥墙构造是法国北部建筑的特征。布列塔尼地区更多地使用草泥团。而夯土技术的使用则主要分布在罗纳 - 阿尔卑斯地区。

* Hubert Guillard 提供。

木骨泥墙

夯土

草泥团

土坯砖

实例

“土域”：一个前瞻性的生态社区

在 1981 年巴黎蓬皮杜中心那次大型生土建筑展览的组织者让·德西耶（Jean Dethier）的倡导下，伊泽尔省的公共建设部（OPAC）于 1983 至 1985 年期间，在维莱丰坦（Villefontaine）地区建设了“土域”这样一个由生土建造的社会福利住宅区，建设过程得到了 CRAterre-ENSAG 实验室的帮助。在那个环境问题还未像今天这样被大量报道的时代，这个开拓性的项目很快就成了一个工业化国家复兴土建筑的国际典范。

↑ 使用了木骨泥墙这种黏土混合草秆填充木结构的施工技术的房屋。（建筑师：Atelier 4、Wanger、Widmer 与 Theunynck）

↑ 这个生态社区含有 11 个小街区，65 栋社会福利住宅，居民大约 300 人。10 组建筑师参与了设计。该项目旨在实践各种不同的现代生土建造技术。中心区有一栋 5 层的塔楼，高达 14 米，验证了夯土建造在高度上的可能性。

↑ 建筑师 Galard 与 Guibert 在这栋住宅的建造中，使用了压制土砖（BTC），在南立面实现了一系列的节奏变化。

↑ 包含有四个公寓的夯土住宅（建筑师：Jaure、Confino 与 Duval）。其特点是顶部的屋面首先被建造！随后的各种施工都在屋顶下进行。

↑ 建筑师 Berlottier 在房子的北侧设计建造了一组厚实的弧面夯土墙，墙后为楼梯间，作为室外与居住空间之间的温度缓冲区域。

↑ 这几栋夯土住宅使用面积约 400 平方米，建筑师 Jourda 与 Perraudin 使用了简洁的现代建筑语言。

← 土就意味着寒酸吗？当然不是。在罗纳－阿尔卑斯地区，这个令人印象深刻的庄园就是由夯土建造的。

在欧洲，土建筑并不只是那些简陋的乡村民居，人们总是忘记还有大量的城堡、军事要塞、城市中心的标志性建筑以及一些宫殿也是使用土建造的，就像谁又能想到格拉纳达（Grenade）的阿尔罕布拉宫是用土建造的呢？

特别的欧洲遗产

军事防御建筑

作为欧洲伊斯兰建筑的丰碑，同时也是安达卢西亚人生活艺术的象征，阿尔罕布拉宫是 8 至 15 世纪穆斯林文化在西班牙留下的最辉煌的见证。阿尔罕布拉这个名字源自阿拉伯语的“Al Hamra”，意为“红色”，指的正是用来建造这座宫殿的土的颜色。阿尔罕布拉宫中的塔楼科马雷斯塔（La tour Comares），是世界上最高的生土建筑之一，高达 45 米，比希巴姆古城最高的建筑 [p.16]还要高出 15 米。除此之外，阿拉伯的建造者们在这个时期也创造了其他的军事建筑杰作，比如安达卢西亚省的巴尼奥斯・德拉恩西纳（Baños de la Encina）要塞。这座生土城堡是 10 至 13 世纪基督教与伊斯兰教对抗时期的一个坚固堡垒，建成超过一千年，至今仍保存完好。

资产阶级的庄园

欧洲土建筑的类型相当丰富：磨坊、城市纪念碑、教堂、城堡、宫殿以及防御工事。可奇怪的是，在发展中国家，土经常被认为是一种穷人的材料。而在这里，土被大量用来建造贵族与资产阶级的住宅。最鲜明的两个例子就是瓦尔德索恩（Val de Saone）庄园和上卢瓦尔（Haute-Loire）庄园。只不过在这些豪华的住宅中，土常被隐藏在一层石灰或水泥饰面的后面。所以谁又能想到这些城堡也是由夯土建造的呢？

大城市中心的建筑

在欧洲主要城市的中心，都有着用土建造的建筑，其中很多已被列入联合国教科文组织的世界遗产名录。像木骨泥墙构造的这种土建筑，就遍布于德国以及法国北部很多城市的历史街区，比如普罗万（Provins）、特鲁瓦（Troyes）、斯特拉斯堡（Strasbourg）、科尔马（Colmar）等。

在里昂，红十字区的不少历史建筑都是由夯土建造的。德国的魏尔堡（Weilburg）有一栋五层高的夯土住宅，是欧洲最高的夯土建筑之一。对我们来说土建筑既不过时，也不属于异国情调，它始终都在描绘着欧洲大陆的城市与历史景观。

↑ 阿尔罕布拉宫的城墙大部分由夯土建造。土映着夕阳的余晖，被染上了太阳的颜色，也就是它的阿拉伯语名字“Al Hamra”——红色。

↓ 在欧洲，生土总被用来建造各种坚固的军事建筑。比如安达卢西亚省的巴尼奥斯·德拉恩西纳要塞，十个世纪以来，它的城墙依然坚固如初。

技术

土坯砖

土坯砖指的是一种生土砖，是将塑性状态的土用手或模子塑形，而后自然干燥制成的。相比于其他土建造技术，使用土坯砖基本上就意味着快速建造，堪比那些现成的工业化建材。它提供了一种在不使用其他材料的情况下就能建造出一整座房子的可能。墙壁、拱券，包括穹顶都可以用它建造。因此用土坯砖建房也非常经济，尤其在一些发展中国家，几乎不用什么工具，就能完成土坯砖的制作和房子的建设。

→ 两个工人用木制的模子制作土砖，然后通过旋转晾晒角度来保证砖的两面均匀干燥。

→ 制作方形土坯砖必要的工具：木模子。

工作流程

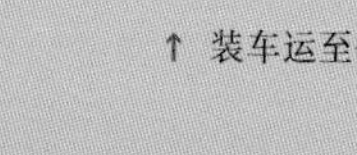

↑ 土中掺水

↑ 用脚或锹之类的工具将土搅拌至类似于软面团的塑性状态就可以使用了。有时这样的土料保持湿度放置几天，土和水的混合会更加充分、均匀

↑ 装车运至翻模处

↑ 倒入方形木模具

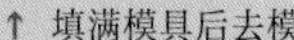

↑ 填满模具后去模

↑ 干燥需要几天时间

↑ 当砖块可以被拿起而不变形时，调整摆放角度以便两面均匀干燥

↑ 干燥后堆放备用

历史

"Adobe"（土坯砖）这个词源于埃及语中的"thob"或"thoub"，后来在阿拉伯语里演变为"al toub"。传至伊比利亚半岛后成为"adobe"，这个称呼广泛使用于中美洲、拉丁美洲与欧洲。在西非，一般用"banco"这个词。它作为一种"生土砖"的基本含义如今已被普遍认可。今天我们普遍使用的砖的形状是平行六面体，平面为矩形或方形，这是经过长期演变的结果。之前的生土砖形态各异，早期由于是纯手工制作，样子多为球或饼状，甚至还有圆锥形、圆柱形或梯形的。在非洲马里，有一种叫 Djenné-ferey 的锥形砖，在尼日利亚北部这种砖也叫"Tubali"。最早的生土砖大约出现在公元前 8000 年[p.46]。而最早的模制平行六面体生土砖则能追溯到公元前 6000 年，出土于今土耳其境内的加泰土丘（Çatal Höyük）遗址。

机械化生产

在发达国家，工业化的机械生产作为另一种生产方式，可以减少劳动力成本和提高生产效率。例如在 20 世纪下半叶，加利福尼亚工程师汉斯·苏姆夫（Hans Sumpf）发明了一种配备液压移动模具、能批量造砖的自动化机器，土坯砖日平均产量可达 3000 块。这项革命性的生产方式很快从加州推广至美国西南部各州。在欧洲，德国人于尔根·桑德克（Jurgen Sandek）于 20 世纪 90 年代末在葡萄牙的阿尔加威省（Algarve）创建了一个名为 Construdobe 的土砖生产企业，在整个旱季能生产超过 50 万块生土砖，这证明生土砖在葡萄牙有着巨大的市场需求。

↖ 这种只靠双手，没有模具的制作方式正在消失。土砖形状呈梨形。图片拍自 20 世纪 90 年代的尼日尔阿加德兹（Agadez）。

← 圆锥形的土坯砖是已知最早的土砖形状之一。今天这种做法在西非地区仍普遍存在。

土坯砖的用土

土坯砖的制作用土应该比较细密，且不含石子，一方面是因为要用手搅拌加工，另一方面，若是模子的尺寸偏小，则需要限制土壤里颗粒物的大小[p.104-105, 126-127]。土如果过黏也不合适，在干燥的过程中就会开裂。避免开裂的办法很简单：适当加入些砂粒或掺些植物纤维（比如麦秸、稻草），这能提高材料的抗拉性能。

传统的土坯砖制作方法

制作通常使用木制模具来完成，模具有单格或多格的。在许多国家，这种生产方式因为能够快速为贫困人口提供经济的住房而广受欢迎。尽管非常古老，但由于简单、经济、对环境影响小，所以使用土坯砖建造在未来仍会大有作为。

↗ 在美国，这台名叫"产卵机"的机器每天能生产几千块砖。这种大规模工业标准化生产的缺点在于，砖在出厂前的干燥与储存需要占用巨大的空间，干燥时间需要一周左右。

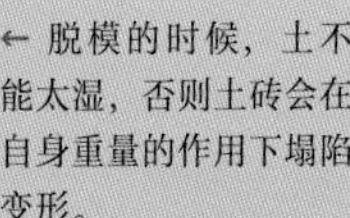

← 脱模的时候，土不能太湿，否则土砖会在自身重量的作用下塌陷变形。

→ 在德国，土砖的干燥更多是在烘干室完成，以便节省成本与空间。

土的含水量

土砖在制作时，土料需有合适的含水量才易于成形。在脱模时，土砖四面都应该平直且没有塌陷或变形，否则就意味着土料太湿。但有时在机械化生产中也会提高土料含水量至接近液态，以便能够同时倒入多个模具。如果不使用模具，只是徒手制作，土料就得尽量干些，方便成形。

↑ 伊朗巴姆（Bam）古城脚下，老匠人正将塑性状态的一团土料填入木模子。他右边是刚拌好的一堆土料，身后整齐码放着干燥好的土砖。

土坯砖的砌筑

土坯砖干燥后，就可以使用泥土灰浆一起砌筑墙壁、柱子、拱券、拱门甚至穹顶。

建筑遗产

有文明存在的所有大陆上，都有土砖出现，尤其在中国、中东、美洲、非洲等国家和地区。同样，土砖也被用来建造几乎所有类型的建筑与城市。这些建筑遗产不仅具有地域性，而且朴素、坚固并可持续。联合国教科文组织的世界遗产名录中大约有 20 个土砖建造的历史遗迹。比如：利比亚的古城加达米斯［p.18］、马里的通布图（Tombouctou）与杰内（Djenné）、叙利亚的阿勒颇、也门的希巴姆古城［p.16］、秘鲁的利马（Lima）、墨西哥的墨西哥城与瓦哈卡（Oaxaca）、美国的陶斯普韦布洛（Taos Pueblos ）。在法国，土砖发源于地中海：从朗格多克（Languedoc）到普罗旺斯省的地中海沿岸地区，土砖建筑曾经占据绝对的统治地位，但今天却几乎看不到了，它们多数已被石头建筑所替代。我们如今在法国能见到的土砖建筑遗迹主要分布在南比利牛斯大区（Midi-pyrénées），包括加隆省（Garonne）、热尔省、塔尔纳省（Tarn）和更南部的一些地区。另外在香槟省也有制作生土地砖的传统。

← 对于土砖砌筑，泥灰浆好过其他任何黏结剂。像这些拱顶的建造就非常快捷，也不需要模板。

← 土坯砖常用来建造墙壁，但也能建造屋面，甚至穹顶。图中是一座完全使用生土建造的房子。

建筑与城市的诞生

↑ 这块土砖出土于约旦河西岸的耶利哥遗址，制作时间约为公元前 8000 至公元前 7000 年，手工制作，无模具。其表面按压的指印清晰可见。

2006 年，在叙利亚的一次考古发掘中，发现了一段建于公元前 9000 年的土墙，可见用土建造的古老传统已经至少有 11 000 年。这个遗址属于新石器时代初期，当时人类的生活方式从游牧转为定居，并诞生了最早的聚落和农业，随后出现了城市与文字。正是从这时起，土建筑便开始伴随着我们的文明一起不断发展。

促使建筑诞生的野生谷物

公元前10 000 年左右，一粒小麦在近东地区大量繁殖：这种野生的谷物也被称作“单粒小麦”，很适合生长在干旱贫瘠的土地上。对于部落时代生存主要靠狩猎、捕鱼、采集的人类来说，这种植物的发现是一个意想不到的财富：“……一个人收割这种野生小麦，两周的收获就能够养活一个四口之家一年。”[1] 因此，收获的成果必须加以储藏和保护：这意味着不必再迁徙，人们放弃了之前临时的居所，并发现了用大自然提供给他们的木材、石头和土来建造房屋的艺术。这种基本生活方式的转变使建筑诞生了，而几乎同时期农业也出现了。从这时起，先民们便不断为我们留下令人印象深刻的建筑遗迹。像约旦河西岸的耶利哥(Jericho)遗址，那里出土了人类已知最早的生土砖，手工制作于9000年前。在叙利亚的德贾木加拉(Dja'de el Mughara)遗址，考古学家发现了 11 000 年前的生土墙。土耳其孔亚（Konya）附近的加泰土丘（Çatal Hüyük）遗址，是公元前 7000 年完全以土建造的，在当时世界人口远少于今天的时代，那里的居民人数已达到 5000 人。

早期的城邦

大约在公元前 4000 年末，这些早期居民聚集区开始出现城墙、王宫与宗教区域等成熟的城市组织形式。这之后，在今天大部分的沙漠地区，从埃及到美索不达米亚（今伊拉克地区），居民聚集区开始成规模地扩张，城市与文字也随之出现。一些大河流域实现了灌溉：埃及的尼罗河、流经巴勒斯坦的约旦河，尤其是滋润着美索不达米亚的底格里斯河与幼发拉底河。河水冲刷带来的肥沃土壤大大促进了农业的发展，也进一步塑造着美索不达米亚早期的城邦，使之成为我们文明的摇篮。这时期的墙壁基本都用生土砖建造。乌鲁克（Uruk）、阿布巴卡里哈（Habuba Kabira）、马里（Mari）是世界上最早的几个以土建造的城市。

位于叙利亚的马里并不是从村落发展而来的城市，而是直接规划建设的。无论规模还是工程量在当时都是非常巨大的[见对页]，城市建设在一个直径大约 2000 米的堤坝后面，市中心被一圈直径 1300 米、高 8 米、厚 6 米的城墙包围。基础部分被预先抬高，来保护建筑不受地下水的侵蚀。这座城市很好地应对了当地的气候条件与资源限制，为 5000 年后的我们提供了一个可持续发展的城市规划与建筑范例。

1. Patrick Cauvin 提供。

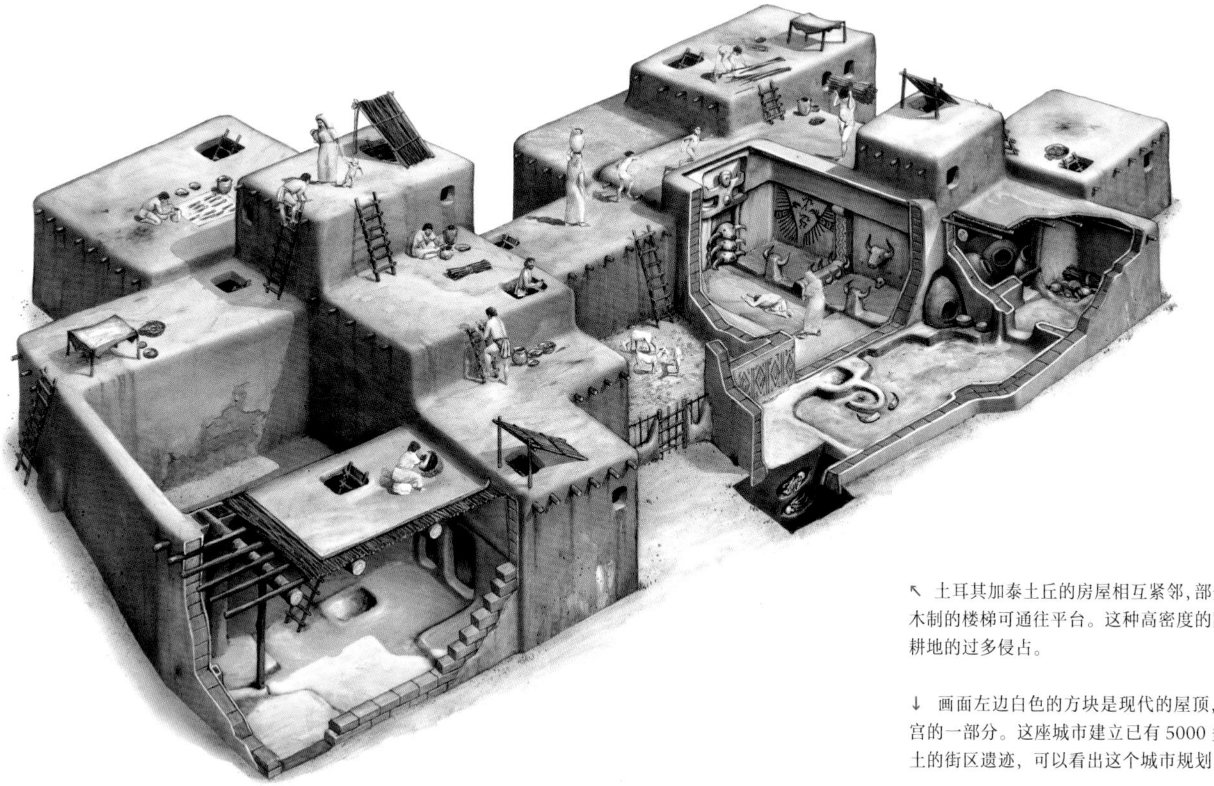

↖ 土耳其加泰土丘的房屋相互紧邻，部分交通借助屋面解决。木制的楼梯可通往平台。这种高密度的防御性城市可以减少对耕地的过多侵占。

↓ 画面左边白色的方块是现代的屋顶，保护着叙利亚马里王宫的一部分。这座城市建立已有 5000 多年。通过其他部分出土的街区遗迹，可以看出这个城市规划的特别之处。

金字塔

2009年1月，超过800米高的迪拜哈利法塔成为人类历史上迄今为止最高的建筑。它符合人类社会最古老的传统之一：建造巨大的建筑作为其拥有者权力的象征。我们的祖先没法把墙建到几百米高，他们自然地选择了用金字塔这种建筑来接近天空。这些人造的“大山”都是由当地可用的材料建成，其中很多用的就是土。

← 这座位于埃及拉霍恩(El-Lahoun)的人工山由数百万块生土砖造就：它是生活在公元前1897至公元前1878年间的法老辛努塞尔特二世（Senusret Ⅱ）的金字塔，如今已严重受损，体量大为缩减，石质的面层早已不复存在。右下方那个人衬托出了这座金字塔巨大的尺度。

→ 伊朗的乔高赞比尔（Tchoga Zanbil）地区，这座始建于约公元前 12 世纪的塔庙边长 105 米，高53米。塔分五层，顶部设有庙宇。

埃及金字塔

金字塔最典型的代表是位于埃及吉萨的胡夫金字塔。这座巨大的建筑边长 230 米，高 146 米。除了完美的几何形状，其超大的尺度与石材的建造方式也令人震惊。古埃及人通常用石头来建造庙宇和神圣的建筑，而居住的房子则用生土砖建造。但也有几个特殊的例子，比如埃及法尤姆省（Fayoum）南部的拉霍恩金字塔［见对页］，内里的部分使用了几百万块生土砖建造，外表面使用的则是石灰石。在世界其他文明中，同样存在着金字塔形的建筑遗迹，而且对生土有着非常系统的使用，譬如美索不达米亚、中国和秘鲁。

塔庙

5000 多年前，美索不达米亚人在建立那些古老城市的同时，也建造了一些巨大的被称作塔庙（ziggourat）的多层金字塔。塔庙这个词来自阿卡德语中的“ziqquratu”，意为“建造在高处”。这些金字塔建造得越高越好，为的是连接地面与天空，以便神灵能够降临人间。通常它们由生土砖建造，表面覆盖烧结砖。其中最大的一个是位于伊朗乔高赞比尔的埃特曼安吉塔庙（Etemenanki）［见上图］，已被列入联合国教科文组织世界遗产名录。它可以追溯至约公元前 12 世纪，底边长约 100 米，重建于大约公元前 600 年的巴比伦时期。Etemenanki 意为“天地之宅”，猜想就是神话中巴别塔的原型。它初建于何时已无法知晓，但有可能先于公元前 1800 年就已经存在了。伟大的希腊历史学家希罗多德于公元前 5 世纪游历美索不达米亚时，这样描写道：“在它中部屹立着一座宏大的高塔，长宽有一个 stade*，高塔上还有两层高台，依次向上，共有八层。室外有坡道螺旋攀升至二层；大约在半高处有一个平台和一些座位，攀登至此可供休息。最顶层是一座巨大的庙宇，里面有一张华丽的床，边上有金色的桌子。室内并没有什么雕像，凡人不能在这里过夜，除了一个女人，一个被神遴选出的女人，迦勒底的祭司说，神会亲自降临到他的这座庙宇（我可不相信），并在这张床上休息。”

← 这张复原图描绘了巴比伦的埃特曼安吉塔庙。在这个神话般的城市，建筑基本都由生土砖建造，公元前 1700 年时，人口已有约 30 万人！

* 古希腊长度单位，约合 180 米——译者注。

始皇帝陵墓下的宝藏

根据伟大的历史学家司马迁的记载，公元前 3 世纪的时候，有超过 70 万人参与了秦始皇陵墓的修建。1974 年，著名的兵马俑军阵在距秦始皇陵几千米的地方被发现，由 8000 个表情生动、各不相同的高大士兵组成。中国的史学家确信，在秦始皇陵封土堆的正下方有一座巨大的宫殿，长 160 米，宽 120 米，宫殿天花上装饰着大量的宝石象征着天上的日月星辰，地面灌满水银的河流象征着帝国的两条大河。目前，这座封土金字塔仍未被发掘，但探测表明这里确实有着异常的汞含量。

↑ 很多中国的金字塔通过谷歌地图可以清晰地看到。图中这个边长超过 150 米的金字塔坐标是：34° 21′ 47.16″ N - 108° 37′ 49.80″ E。
您也可以依照下面的坐标看看其他的一些金字塔：
34° 20′ 17″ N - 108° 34′ 11″ E,
34° 22′ 52″ N - 109° 15′ 12″ E,
34° 14′ 09″ N - 109° 07′ 05″ E,
34° 22′ 40″ N - 108° 41′ 09″ E。

中国的金字塔

你们知道在中国也存在着数十座金字塔吗？直至 20 世纪初它们才被西方世界所了解。主要的一些金字塔都在陕西省，分布在西安这个曾经的中华帝国首都方圆 100 千米的范围内。1913 年，法国作家维克多・谢阁兰（Victor Segalen）曾造访过其中的几座。像埃及的一样，这些金字塔也是皇帝或贵族的陵墓，考古学家称其为封土堆。如果近看的话，它们就像是长有树木的自然山丘，但从天空俯瞰则很容易辨别出它们呈规则的金字塔形状，顶部通常被削平。其中最大、最宏伟的就是秦始皇陵，秦始皇生活在公元前 259 至公元前 210 年，是第一个统一中国的皇帝。秦始皇陵底边长超过 300 米，但高度仅有 47 米。

↑→ 秦始皇陵的兵马俑军阵被发现于 1974 年，在 1987 年被列入联合国教科文组织世界遗产名录。超过 8000 个兵俑，神态相貌各异，每一个都是独一无二的艺术品。而这仅是这个面积 56 平方千米的宏大陵园的一部分，陵园的中心是一个巨大的封土金字塔。

→ 莫奇卡太阳神庙，世界上最大的土坯建筑之一，很有可能毁于殖民时代的探险者。他们绕过邻近的莫奇卡河，目的就是进入金字塔找到可能的宝藏。被毁掉的部分占到了总体积的三分之二。

秘鲁的土坯金字塔

在秘鲁北部的安第斯山脉脚下，存在过一个名气远不如印加和玛雅的奇特文明：兰巴耶克（Lambayeque）文明，其鼎盛时期约在 8 至 14 世纪。近 600 年的时间里，他们在面积相当于法国领土的兰巴耶克峡谷内用土坯砖修建了约 250 座金字塔。这些建造行为展现了他们的文化与社会组织能力。生活在安第斯山脉脚下的兰巴耶克人崇拜大山的力量。每座金字塔都被当作居所，为半人半神的领主所拥有，而这些人造山峰会彰显权力与荣耀。领主的使命是保卫自己的人民免受自然与神愤怒时带来的伤害。一旦灾难来临，领主的使命失败，居所就会被废弃并焚毁，新的金字塔和一座城市会在别处建立起来，而新金字塔会比以前的更加结实和宏大。于是这种建筑的数量与规模都越来越大。其中最大的是拉尔卡（Huaca Larga）金字塔，有着一个宏伟的矩形大平台，面积相当于七个足球场！长 700 米，宽 280 米，高 20 米，体积堪比胡夫金字塔。它和另外 25 座金字塔都分布在秘鲁的土库玛（Tucume）地区。

兰巴耶克峡谷向南 100 千米的地方，有一个更古老的文明：莫奇卡（Moche）文明。那里同样有着土坯砖金字塔遗迹，就是他们的太阳神庙和月亮神庙，这是该地区最早的一批建筑物，围绕神庙的建设自公元 2 世纪起一直延续了数百年。其中太阳神庙尤其壮观，长 342 米，宽 159 米，高 45 米。

↑ 鲁的库斯科（Cuzco）附近，拉克彻（Raqchi）遗址是印加文化里祭拜造物神维拉科查（Viracocha）的地方。

↓ 月亮神庙（也称月亮金字塔）属于秘鲁的特鲁希略（Trujillo）遗址，墙上仍保留着精美的装饰，建于公元4世纪。

↓ 前殖民时期美洲最大的城市昌昌城（Chan Chan）遗址，完全由土坯砖建造，遗址面积近20平方千米！作为奇穆（Chimu）文化的首都，在公元15世纪发展到顶峰，后被印加征服。

实例

生土建筑遗迹

土、石头和木头是人类建造最早使用的三种材料，所有有人类生活的大陆上都有生土建筑遗迹。

←↙↓ 在中亚，土库曼斯坦的梅尔夫（Merv）是丝绸之路上最古老也是保存最好的绿洲古城。这片遗迹承载着人类 4000 年的历史，有大量的生土建筑存留至今，这座土砖堡垒(Grande Kiz Kala)的年代可追溯至公元前 6 世纪。令人吃惊的是，在没有保护、气候恶劣的情况下，经过多个世纪，这些土建筑仍能存留至今。

现代夯土

在 21 世纪的开端，夯土这一传统技术开始越来越被建筑师们关注，他们努力尝试并发展出一种属于现代风格的夯土。夯土墙上的水平向纹理能够很好地凸显这种“黏土混凝土”作为一种自然矿物的材料特征，使人联想起自然界的地质沉积层，这也象征着土仍在继续着某种地质循环的旅程。

← 加拿大 Nk'Mip 沙漠文化中心 [p.61] 的这面夯土墙，彩色的线条使它看上去像一个被就地抬升起来的地质断面，指向天空。墙身每层的土色都对应了本土印第安部落各自领地的土壤。

→ 这座由建筑师彼得·奎因（Peter M. Quinn）设计的夯土建筑位于澳大利亚珀斯的莫道克大学。土与其他现代材料共同成为这个现代建筑的一部分。

澳大利亚的夯土复兴

像混凝土一样

从 20 世纪 80 年代开始，夯土技术在澳洲大陆借助建筑工业的现代化得到了广泛的应用。许多专业公司以这种方式建造了独立住宅、集合住宅、大型酒店综合体、学校、工厂等各种类型的建筑。澳大利亚是第一批为土建筑制定具体行业规范与标准的工业化国家之一。这些现代夯土的完成效果看起来很像混凝土，因为通常情况下，他们对土的使用仅限于借助其自然的色彩对原材料进行调色，以便使这些墙看起来像真正的生土墙。

是土还是混凝土？

那么这还是土建筑吗？最初这些标准是为了促进绿色建筑技术更好地发展，但制定的标准却十分严苛，以至于需要对土材料进行改性来达到其自身本不具备的机械强度。总之，要达到规定标准，土就得和混凝土一样坚固。因此，建造者们不得不在天然土壤中加入水泥或石灰使其更加坚固。水泥的比例一般都非常高，以至于有时澳大利亚夯土墙的水泥含量与普通水泥混凝土墙的水泥含量一样多。

复兴

但不论怎样，夯土建筑项目规模的扩大、专业公司数量的增加、优秀新建筑案例的不断出现，这些都为夯土建筑在世界范围内的复兴做出了贡献。在世界各地，也有众多只使用天然材料、不添加水泥或石灰的案例，证明了这项技术减少不必要的添加物后仍然能够适应新的环境。比如只依靠黏土作为黏结剂，希巴姆的工匠就能建造 30 米高的建筑，并已存在超过 500 年。更重要的是，如今在规范框架内限制不可持续的发展、鼓励建造可持续性建筑已经在全世界有了广泛的共识。

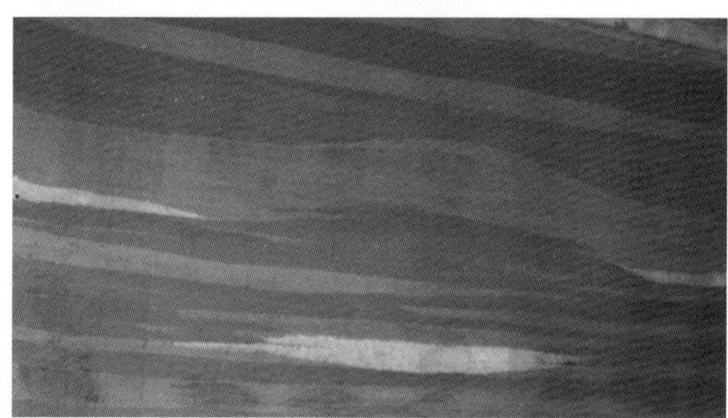

申全植

是建筑师，也是工程师和泥瓦匠

在现代生土建筑领域有一些非常特别的从业者，韩国的青年建筑师申全植(Geun-Shik Shin)就是其中之一。他在韩国完成学业后，来到法国，在世界上唯一提供生土建筑专业培训的机构——法国格勒诺布尔国立高等建筑学院的生土建筑研究中心学习生土建筑。自 1999 年以来，其实践包括住宅、景观、学校等一系列现代夯土建筑。在每个项目中，他都既担任建筑师，也充当工程师和泥瓦匠，并且负责从取土到建设完工的每个阶段。

从材料到建筑

为了更好地实现这些作品，申全植对材料环节——可建造用土的采取、土样的分析与检测、砂粒或砾石的选择与添加——都进行严格控制。此外，他对技术工艺也进行了拓展，并制造相关的特殊工具。他还组建了一支由泥瓦匠组成的施工队伍，并对他们进行了关于现代夯土技术知识的培训。

↖ 这个案例有一个非常现代的混凝土屋面，符合土建筑“穿鞋戴帽”的准则。像伞一样的屋顶最先建造完成，以便其他部分的施工可以不受恶劣天气的影响正常进行。

↑ 几年后，这个房子已经完美地融入了周围的植物与环境。

↑ 这面夯土墙中使用了不同颜色的土料。

马丁·劳奇

夯土的肌理

得益于雕塑家和陶艺家的身份，马丁·劳奇(Martin Rauch)不论是在夯土工艺上，还是对材料肌理的独特表达上，都有着超乎寻常的表现。早在1992年，在奥地利费尔德吉尔希医院，他就完成了一件里程碑式的作品:一面长133米、高6米、厚35厘米的弧面夯土墙。墙身以不同颜色的土料夯筑出的水平纹理令人惊叹，沉积岩似的肌理成为地质循环的一种隐喻：在持续数百万年的地质循环中，天然岩石被不断地改变与分解，成为沙和黏土，并一起组成了土壤。而这些土壤只是矿物质变迁中的过渡环节，因为它们将被水流继续侵蚀和移动，直至进入海洋。在江河的入海口，这些沉积物会被层层堆叠在一起，最终在自身重力的挤压下又重新成为岩石。而夯土，像这个地质循环一样，也是通过将土壤颗粒与黏土层层压实，使其变得密实坚固的过程。最终，夯土墙在其生命的终点，仍会回到土壤的样子，重新开始新一轮的循环。

→ 在奥地利费尔德吉尔希医院的长廊中，马丁·劳奇设计完成了这面6米高、有调节温度作用的夯土墙。在夏天，多余的热量会被玻璃幕墙后的活动帘与通风系统限制，土墙升温很慢。而在冬天，太阳辐射的热量可以储存在地面和土墙中，使室内长时间保持适宜的温度。

← 柏林的和解礼拜堂中，竖向的木格栅与夯土墙水平向的肌理在光线下相映成趣。

↓ 礼拜堂的外表皮为镂空的木格栅，而夯土墙作为内表皮是该建筑真正的气候边界。

→ 礼拜堂的室内部分，包括祭台均由夯土建造。简洁的造型、素雅的材质是西多会风格的现代体现。

和解礼拜堂

1990—2000 年，马丁·劳奇完成了柏林和解礼拜堂（la chapelle de la Réconciliation）的施工。这个建筑的设计师为鲁道夫·雷特曼（Rudolf Reitermann）与彼得·萨森罗斯（Peter Sassenroth）。礼拜堂位于以前东德、西德未统一时的交界线上，原基址上旧有的礼拜堂毁于 1985 年。新建筑由内外两个平面呈略微形变的卵形表皮构成。外表皮是镂空的垂直木格栅，内表皮为厚重的夯土墙。夯土墙的土料除了使用自然生土外，还拌入了来自旧礼拜堂的残余砖渣。在这里，土的使用强化了礼拜堂室内空间的精神属性。

马丁的夯土自宅

马丁·劳奇的自宅同样是一座现代的夯土建筑。房子建在一个小山坡上，山坡被挖去一部分作为房子的底层和入口。开挖出的土石也被用在了房子土墙的建造中。夯土墙的一部分与边坡相接，这部分对水的侵蚀十分敏感，通常用石材、烧结砖或混凝土建造，但马丁却坚持使用夯土，只用了沥青做防水处理。如果有一天这土房子荒废了，不再住人，那么它仍能还原成土石回填在挖开的山坡里，而不留下什么痕迹。

← 马丁自宅的一部分隐藏在平缓的山坡里。尽管有三层的高度，可它看上去在环境里并不突兀。

实例

现代夯土肌理

近些年有一个趋势，建筑师和工匠们似乎都喜欢将不同颜色的土夯在同一面墙里。从这个层面上来说，生土作为一种“新”材料，其潜力仍有待探索。

↓↘ 哥伦比亚建筑师赫苏斯·安东尼奥·莫雷诺（Jesús Antonio Moreno）设计的蒂拉维瓦基金会（Fundacion Tierra Viva）在玻璃幕墙的外表皮内侧置入了一组夯土墙。

↖↑→ 加拿大的 Nk'Mip 沙漠文化中心由 Hotson Bakker Boniface Haden 建筑师事务所设计。其夯土墙上彩色的水平纹理由当地的土料和颜料混合而成，这些被刻意强调的线条是为了呼应当地特有的沉积岩地质风貌。

非洲乡土民居

相比于其他建筑材料，土在塑形方面有着更加出色的潜力和自由度，这使土房子在世界各地展现出了丰富的多样性，并成为真正的建筑雕塑。除了基本的使用功能外，它们还成为不同身份与文化的象征。非洲就有这方面最好的样本。

文化若从根部生发，就会穿过所有的茎与芽、叶与花，如绿色的血液逐个滋养每一个细胞，哪怕在雨中，也能芬芳整个花园。若文化自别处倾泻而下，则令人迷失，似暴雨中的糖人，瘫软凌乱，面目全非。

哈桑·法赛（*Hassan Fathy*）

← 在卡塞纳的房子内部，几只瓢被灶台上方采光井透进的光照亮。

↓ 每年翻修墙面的时候，经验丰富的年长妇女会把这项传统技艺传授给年轻女子。这些壁画都由彩色的土绘制。有光泽的部分是因为土中添加了一种提取自非洲刺槐的单宁成分，它可以为表面提供防雨保护。

↘ 不同的图案有着各自的含义。卡塞纳正是因为这些独特的房屋装饰而闻名于世。

卡塞纳地区的装饰艺术

建筑文化

衣服是我们的“第二皮肤”，而建筑有时也会被称为人的“第三皮肤”，它常常是其所有者的一种文化与身份象征。除了显见的外形，建筑的建造也能反映每个地方特有的社会组织方式。更会因为各地不同的资源、气候、经济、技术与知识传播等因素的影响，而发展出不同的建造逻辑：这层含义我们称之为“建筑文化”。而土因其丰富的色彩和出众的可塑性，成为表现世界各地不同建筑文化的理想载体。特别是在西非，这里有着数量众多、各不相同的文化区域，这种多样性并不来自国界的划分，而是源于不同的生活方式、信仰以及独特的建筑。

卡塞纳的神明

西非的卡塞纳（Kassena）地区被一条国境线分割，分属于加纳与布基纳法索。这里的建筑因其华丽的墙身装饰而闻名，这些装饰以土为原料，都出自当地妇女之手。对卡塞纳人来说，建筑体现了一种社会秩序，在这种秩序中，一切事物都有着象征意义。住宅的形式也反映着居住者的社会状况，比如圆形茅草屋顶意味着房主人还是单身；8 字形的则被称为“母亲屋”，这里安置着祖先的灵魂并住着上了年纪的老人；而矩形的则是留给新婚夫妇的；等等。

卡塞纳妇女们的墙面装饰艺术

每年五月，在雨季来临前，妇女们会聚集在一起，通过邻里互助的方式对房屋的墙面进行装饰。女主人为大家做饭、打水，而年长者会负责指挥施工并决定装饰的内容。这项集体活动除了具有装饰房屋的实际作用外，也为几代人之间的相处以及卡塞纳文化的传承提供了机会。知识经由妇女们延续，见证了这个习俗数百年的历史。墙面上的色彩和图案都有各自的含义，比如红色象征着权力和力量——这是首领衣服的颜色；白色象征着死亡——当地传统认为鬼魂都身着白色；而黑色则象征着大地。那些几何条纹状的图案有的是借助羽毛笔徒手绘制，有的是用或圆或尖的石块在未干的泥土抹面上雕刻而成。卡塞纳的墙身装饰除了表达房主人的身份与当地的文化传统之外，也有实用性的功能，比如防雨。

穆斯古姆人的居所与众不同，很真实也很奇特。它们没有矫饰，自带浑然天成的美感。那些连贯而又纯粹的曲线，直观地描绘了力传导的轨迹。

安德烈·纪德（André Gide）写于 1926 年乍得之旅

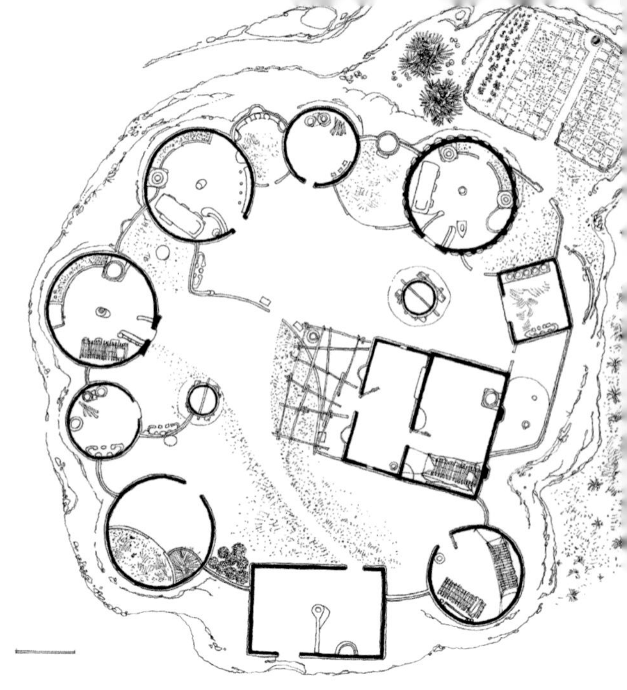

喀麦隆
穆斯古姆人的“炮弹屋”

穆斯古姆人（Musgum）生活在乍得与喀麦隆之间的边境地区。他们的居所被 19 世纪第一批军事探险家称为“炮弹屋”。这些房子完全由手工建造，却有着工程学般完美的形式，比如其墙壁非凡的高厚比（9 米的高度，顶部厚度仅有 7 厘米）。它虽然体现了数学的纯粹，也有着迷人的外观，但却不是为了表达美学上的含义，也不是为了装饰，而是为了实用！

功能主义理论

“形式追随功能”这一口号对 20 世纪上半叶的建筑思想有着持续的影响并开启了现代主义建筑之路。现代功能主义运动的奠基人、美国建筑师路易斯·沙利文以该口号正式宣告与传统建筑决裂。功能主义者认为，建筑应该抛弃装饰物和不必要的装潢，只有当物体的外形契合其实际的功能意义时，它才是美的。

炮弹屋：一种功能主义建筑

具有历史讽刺意味的是，最能体现该建筑思想的例子却是一系列传统乡土建筑。穆斯古姆人的炮弹屋就是诠释沙利文这句著名口号的完美案例。它给人的第一印象是，这是一种完全朴实的有机形态，强烈的形式感令人难忘。只有借助更仔细的二次阅读，这些形式中隐藏的功能意义才逐渐显现。

结构的功能意义

那么穆斯古姆的工匠是怎么做的呢？首先，墙体厚度自下而上逐渐变薄，以提高建筑的稳定性。其次，炮弹屋的轮廓线非常接近悬链线，这是一种理想的数学曲线，可形成一种用材最少并能承重的拱形或穹顶。最后，墙身表面的凸起作为肋也可进一步强化结构。因此，炮弹屋是真正的双曲率肋壳结构，可以媲美当代的薄壳结构！

其他的功能意义

还有一些功能并不仅仅是结构性的。“炮弹屋”这个外号源于其造型与弹头相似。但实际上，这个造型削弱了雨水撞击在外墙上的作用力，墙身上的肋也能使水流减速并转向。此外，这种高耸的烟囱似的房子还能带来气候上的舒适性——在房屋的顶端开有一个圆形的通气孔，这有助于密度小的热空气排出，同时新鲜空气从底层的门洞进入室内，由此产生的空气流通能够令人感到凉爽。最后，在建造或墙面日常维护的时候，工匠可以利用墙身上这些凸起作为梯子，爬到屋顶。

↑ 借助墙身这些凸起，人们方便对房子进行定期维修或翻新。

→ 穆斯古姆人的这种居所因为形似弹头而被 19 世纪的军事探险家称为“炮弹屋”。它们的高度可达 9 米。

↖ 穆斯古姆的住宅由若干个圆形或方形的房屋围绕着一个院子组成，并以围墙相连。每一个单体就是一个房间。

↓ 有时两个相邻的房子会用一个被称作“dedem”的土制通道相连。

炮弹屋的结构原理

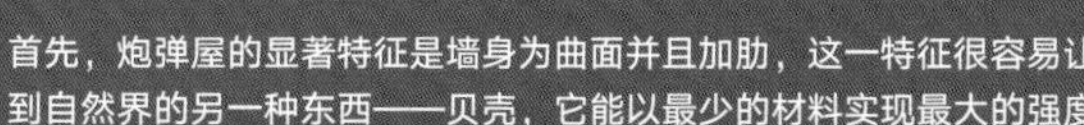

首先，炮弹屋的显著特征是墙身为曲面并且加肋，这一特征很容易让我们联想到自然界的另一种东西——贝壳，它能以最少的材料实现最大的强度。

其次，炮弹屋的弧形轮廓遵循了悬链线的曲线特征。数学中的悬链线指的是在重力作用下，两端固定的链条自然下垂形成的曲线。这种建筑方案只在受拉时成立，相反，一个悬链弧线倒过来的话，则是在受压状态下工作，而没有任何多余的弯矩。参照这种曲线建造的拱可以非常细高，如 1965 年建于密苏里圣路易斯市的圣路易斯拱门，达到了 192 米的高度。

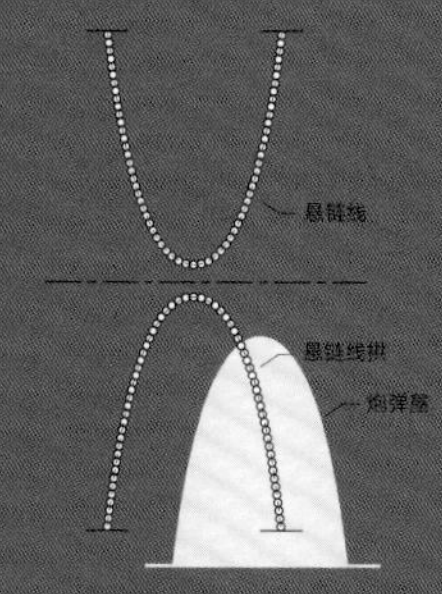

实例

非洲的乡土民居

西非是世界上建筑文化多样性最显著的地区之一。

← 这是马里的杰内市一富户人家用生土建造的大门，粗犷浑厚犹如巨大的雕塑。顶端数个阳具状的造型暗指着家中孩子的数量。

← 尼日利亚北部，伊洛林（Ilorin）清真寺内通道里光影交织，使这个生土建筑具有了独特的空间氛围。

↓ 在马里的多贡（Dogon）地区一个住宅的入口，器官般拟人化的外观令人惊奇。

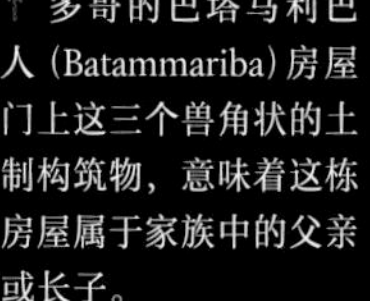

↑ 多哥的巴塔马利巴人（Batammariba）房屋门上这三个兽角状的土制构筑物，意味着这栋房屋属于家族中的父亲或长子。

↗ 马里的塞古（Ségou）地区，传统的房屋会有一层漂亮的红土抹面。因为其中掺入了乳油木的油，所以防雨效果很好。

→ 在尼日利亚，这种拱券和支撑屋面的建造方法在世界上是独一无二的。木头从建筑的边缘部分开始堆叠，并相互捆扎在一起，然后再用土覆盖。

→ 在尼日利亚北部这座豪萨人（Hausa）的房屋中，华丽的阿拉伯装饰纹样正是依靠土的可塑性实现的。

谷仓

在非洲，类型多样的谷仓其实是真正的建筑瑰宝。作为住宅不可或缺的一部分，它们的数量和体量都反映着主人的财富。这些介于容器与建筑之间的生土构筑物有时高达数米，壁厚却只有几厘米，是世界上最薄的黏土结构建筑。

在西非，谷仓被用来储藏各种谷物，如大米、小米、玉米、豆类和花生，因此谷仓必须得满足防雨、防潮、防鼠、防虫等储藏要求。尽管它们的造型与装饰各种各样，但有个基本规律，即谷仓主体总是建在石头之上，这样就能保护谷仓免受雨水的浸泡和迸溅。此外，在这些石墩子上会水平地放置一些扁平的石头，利用其突出的边缘来阻碍啮齿类动物向上攀爬，因为谷仓的入口通常位于顶部。最后，在这些石头的上面再铺设一层树枝，方便内外通风，防止粮食受潮发霉。

财富的标志

对于有些地区，每年长达数月的干旱会使耕种变得十分困难，所以可持续的粮食储备就尤为重要，家庭能否继续生存也取决于此。所以谷仓建筑也就更能体现建造者的技艺与聪明才智，住宅建筑则往往处于相对次要的地位。这些谷仓不仅是其主人的财富标志，也是非洲传统建筑中的瑰宝。

世界上最薄的生土墙

相对于有些谷仓 6 米的高度，其墙壁不足 5 厘米的厚度实在令人感到不可思议！因为如何抵抗由谷物产生的巨大水平推力，是工业社会的工程师们在设计现代化谷仓时要考虑的首要问题。为什么不论天气如何变化——下雨或者酷热——这些谷仓仍然能够持久矗立，甚至没有裂缝？其秘密就在于特别的土料制备方式。工匠一般会提前几天或数周将一些源自植物或动物的提取物相混合，然后使其在稀泥中发酵腐烂。这些传统的“添加剂”含有可以在水中形成凝胶的大分子，能够大大提高黏土的黏结性。最后，加入植物纤维来提高材料整体的抗拉强度，就像将混凝土纤维化能提高力学性能，二者原理是一样的。

← 这个拉贝藏加村(Labbezanga)，位于马里和尼日尔两国的边境区域。其中方形的房屋由男人们居住，圆形的住着妇女和儿童。图片里那些白色的圆形构筑物就是谷仓：它们在界定围墙与通道的同时，也进一步塑造了村落的面貌。

↑ 马里多贡地区的这些谷仓坐落在悬崖的凹陷处，能够依靠巨大的崖壁本身遮风挡雨。

↑ 这个巨大的罐子状谷仓位于尼日尔，高4米，开口位于顶部，覆盖着一个草编的“帽子”。

↑ 这个谷仓有一套完整的底部架空系统，最下面是石头，石头上架着漂亮的土制拱门。

技术

草泥团

将土像和面一样揉成泥团，再将它手工堆砌成墙，这是用土建造最简单的方式了。在法国乡村，类似的做法是将掺有植物纤维的塑性泥团借助一种铲子来堆叠构成墙体。这样的墙比较厚，类似夯土墙。在世界上绝大部分地区，这种以泥团来进行的建造基本都靠徒手完成，就像是制作巨型泥塑。

→ 草泥团建造的土墙比较厚实，并且不用模板，每层堆砌高度大约 50 厘米。建房子就像做巨型的泥塑，全由手工完成。

↑ 将土和水混合搅拌（如有需要，可加入植物纤维）

↑ 揉捏成球

↓ 上料与堆砌

↓ 拍实墙体表面

↓ 用锋利的工具将墙体表面进一步铲切修

工 作 流 程

做草泥团的土

因为要用手操作，所以选用的土最好不要含有细碎的石子。根据地区的不同，所用的土可能会是砂性土或细腻的黏土。当然也经常会加入些植物纤维防止开裂。

传统的草泥团建造与施工

首先，将土与植物纤维混合并加水搅拌至塑性状态，揉捏成球状后堆叠在墙上并尽量挤压密实，使其成为整体。趁墙未干时用木板条拍打表面，以消除缝隙，再用锋利的工具将不规整的表面进一步铲切修平。这种墙在一天之内能够修建的高度是有限的：因为土墙还比较湿软的时候，会有被自身重量压垮的风险，所以得分层施工，等下一层墙体干燥后再进行上一层的操作。大部分情况下这种施工都是纯手工作业，但有时也会用到些工具，比如在法国，土料的制备和堆砌都会用到一种叉草的铲子。

发展现状

草泥团这种建造技术在今天并没有得到太多发展。布列塔尼地区曾尝试将泥团预制化，大的土块先在车间里做好，然后运到施工现场借助起重机来施工。更近些的是 1996 年美国人戴维·伊斯顿（David Easton）发明的一种喷射土的技术。这是美国生土建筑领域首创的技术革新之一，也许可以被看作是草泥团建造的现代版。干燥的土粉末通过连接空压机的导管被猛烈喷射到预先固定好的木模板上，土被喷出的一瞬间在管口对其进行加湿，使其达到接近塑性泥状态的理想湿度。建成的墙效果类似草泥团墙，同样有着浑厚的质感。

↑ 在美国，戴维·伊斯顿于 1996 年发明了一种喷射土的技术并进行了大量实践。

↗ 用工具对墙体表面作进一步修整。

历史

大约在公元前 10 000 至公元前 9000 年的时候，当人类的生活方式从游牧逐渐转变为定居时，中东地区出现了第一批以木骨泥墙方式建造的土建筑。在这些土隔墙的制作过程中，人们逐渐发现在黏土中添加某些植物可以改良土材料。在经历了漫长的演变后，这种墙越来越厚，并产生了草泥团，再到后来草泥团又被土坯砖替代。因此使用草泥团建造是最古老的传统建造方式之一。

建筑遗产

阿拉伯半岛有很多出色的草泥团建筑遗产。也门的土建筑很多就是以这种方式建造的，利用该技术在当地甚至能建造数层高的楼房。在其邻国沙特的纳季兰省，有很多令人印象深刻的堡垒群，从中也能发现也门的这种草泥团建造方式。

更具有代表性的是非洲的草泥团建筑，在布基纳法索、贝宁、加纳和马达加斯加都有分布。非洲大陆还有一种草泥团的建造方式被称为“改形土”，不同之处在于其墙体厚度都很薄，而且建造方式非常多样，例如布基纳法索的卡塞纳建筑、乍得和喀麦隆的穆斯古姆房屋，以及各种谷仓等等。

在英格兰的德文郡（Devon）与意大利的阿布鲁佐（Abruzzes）地区，也有这种建造类型的乡土建筑遗产。

在法国，这种建筑主要分布在北部地区的一些小乡村里，比如卢瓦河地区旺代省的马厩、布列塔尼的伊勒 - 维莱讷省（Ille-et-Vilaine）的长屋，以及科唐坦半岛（Cotentin）的储藏用房。

西非的清真寺

“穿鞋戴帽”！
这是保护土房子不受水侵害的基本准则，意思是对于土墙来说，下部要有耐水的基座，防止水从根部侵蚀土墙；上部则要设置挑檐，以防止淋雨。这些都是必要的措施。但在世界上的不同地区，做法却可能完全不同，比如在马里或布基纳法索，独特的处理方式就产生了独特的建筑文化。

土作为建筑材料主要的缺点是耐水性较差。保护土墙不受雨淋最好的办法就是做出适合的建筑设计。通常，设置屋顶挑檐能保护土墙的上部，下部则可以用石材或混凝土做墙基，否则，土墙就像蘸了咖啡的方糖一样，会从下面潮湿的地面吸收水分。那么，如果没有石头或木头这些材料，该如何保护土墙呢？在马里，全年的降雨量虽然和法国差不多，但它们都集中在两个月的雨季。让我们来看看那里的工匠有什么建造秘诀。

节日的演出

开派对！这就是坐落于马里的杰内清真寺给出的解决方案。杰内清真寺是世界上最大的生土宗教建筑之一，长达 75 米，高 20 米，其屋顶由 100 根柱子支撑，能够容纳 3000 名信徒，于1909 年在一座 13 世纪的小清真寺基础上扩建而成。每隔一年，这里的人们就会被组织起来，将清真寺的外墙用泥重新涂抹一遍，这时的寺内寺外便充满了欢愉热烈的派对气氛，庆典的鼓声会传遍整个城市与邻近的村庄，狂欢的场面犹如西班牙著名的奔牛节。城里的小伙子们会早早地带着装满土的篮子涌进清真寺。这时的景象对于世界各地的游客来说，不像是施工现场，更像是一场真正的杂技演出。伸出墙面的木头也终于显露出了具体的作用：小伙子们以惊人的敏捷和速度借助这些“脚手架”爬上外墙，有时也会直接在墙上架设或悬挂梯子来到达更高的部位。尽管看上去很混乱，但他们将面糊般滑腻的泥浆用手涂抹在墙上的动作却非常精确与干练。几小时后，清真寺便焕然一新了。

↑ 西非清真寺的土墙直接建在地面之上，没有地基。这个建筑位于布基纳法索的博博迪乌拉索（Bobo-Dioulasso），墙角奇怪的凸起是为了防止墙根部出现破坏性的剥落。

← 马里的杰内清真寺是已知最宏伟的生土宗教建筑之一，左边的人可作为比例参照。

↓ 在维护外墙的抹面派对中，清真寺墙壁上伸出的木头可以被当作脚手架使用。

穿鞋戴帽？

除了这种定期的维护外，他们也有其他原创的做法作为补充。工匠们都知道，通常直接建在地面上的土墙会从墙基处开始损坏：与地面接触的位置会率先剥落，逐渐扩大后土墙就会垮塌。因此得优先考虑墙基的构造。马里人的逻辑非常具有建设性，他们通常会把容易产生剥落的位置做成包状的凸起。这个凸起相当于一个用于消耗的缓冲带，来保护墙基不受破坏。墙头则不能做成平面，以防止积水：所以其造型为弧形。工匠们会定期维护，保证一旦墙面出现破损就能被及时修补。年复一年，这种做加法的方式也慢慢改变了清真寺的初始面貌。屋脊、棱角、平整的表面逐渐消失，水流也使所有尖角变得模糊。时间最终重塑了这个建筑，它变得更加适合防雨，与大地的界限也越来越模糊。

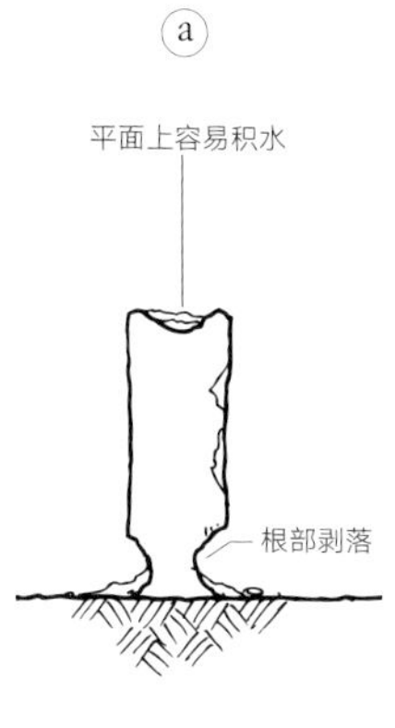

↑ (a)雨水破坏土墙通常是从与潮湿地面接触的墙根部开始。而墙头如果是平面的，水就很容易积存和渗透。

(b)所以土墙通常建造于石质或混凝土基座之上，墙头覆盖有挑檐的屋顶。

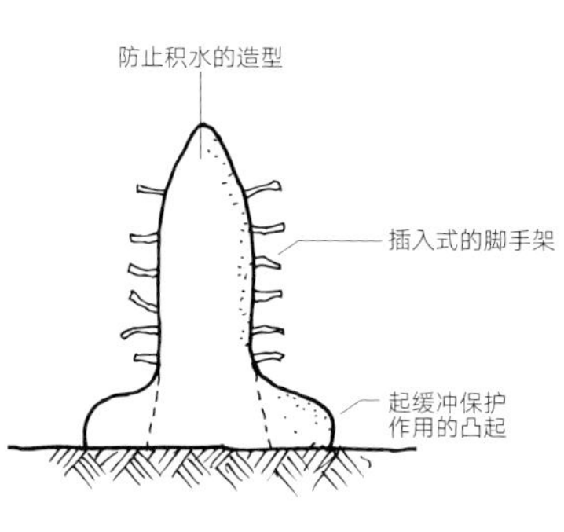

(c)而在西非，则有另一种保护土墙的策略：被放大的墙基础用来充当墙根破坏的缓冲层，伸出墙体的木头作为墙身维护时的脚手架，弹头形状的墙头能避免雨水的浸泡。

西非的清真寺

在马里和布基纳法索，每个村庄都有用土建造的清真寺。尽管建造的逻辑相同，但因为相互攀比，最终表现出的形式则丰富多样。

马里的阿斯基亚王陵

因为在去麦加朝圣的路上被埃及人的金字塔所震撼，桑海帝国（Songhai）的皇帝阿斯基亚·穆罕默德（Askia Mohammed）在 1495 年决定在马里的加奥（Gao）为自己建造一座类似的陵墓。这个用土建造的阿斯基亚王陵是在古埃及的影响下，桑海人与阿拉伯人之间有交流的唯一见证。如今它已被联合国教科文组织列入世界遗产名录。

← 智利建筑师马塞洛·科尔迪斯设计的现代住宅。构造逻辑为木骨泥墙，但其中木结构的部分被钢替换，而土仍作为填充材料。

← 金属的框架结构可以让建筑实现倾斜的墙壁和开口更大的立面。

马塞洛·科尔迪斯

智利建筑师马塞洛·科尔迪斯（Marcelo Cortés）善于将生土材料与金属相结合，而金属是生产过程能耗最高的建筑材料。从生态角度来看，这有些不合逻辑。但当我们发现马塞洛这些建筑作品是对当地传统抗震结构系统的一种继承与发展时，就能很好地理解了。

建筑师与承包商

智利建筑师马塞洛·科尔迪斯一直致力于土建筑的设计以及技术革新的研究。他还有另外两种身份：参与现场施工的工匠和建筑承包商。

土与钢的组合：新式木骨泥墙

钢铁或水泥这种工业化建筑材料的出现为建筑设计打开了一个更为宽广的新世界。马塞洛·科尔迪斯也在他的设计中尝试使用并开发这些工业材料的潜能，比如借助金属结构的刚度优势来实现建筑更大的开口、倾斜或弧形的立面效果。整个 20 世纪建筑形式的演变虽然与混凝土或钢材性能的不断提高有关，但也同样受到建筑思想变化的影响。马塞洛·科尔迪斯将土与钢这种工业材料相结合，不管从结构还是美学角度来看，都使两者的价值得到了补充和提升。那些强度稍差的自然材料，也能够很好地融入现代建筑。他所使用的构造体系是将常规的框架或木骨泥墙系统中的木结构替换成钢结构，原本结构间用来固定泥土的木板条架部分也被换成金属网格，然后以草泥填充。这能使整个结构的刚度大幅提高。

传承

将土这种生态和可循环的材料与钢这种生产过程中能耗超高的材料相结合，从生态角度来看，有些自相矛盾。但其实马塞洛·科尔迪斯的这些实践也有现实原型。在一个地震频发的地区，为了满足抗震要求，当地的建筑在建造或加固时，采用的就是类似的结构策略。

←↑↑ 一座三层高的土建筑。这种金属结构可以很方便地满足对建筑高度的要求。

技术

木骨泥墙

木骨泥墙（也称为柴泥墙、木筋墙或竹筋墙）的建造方式指的是墙壁内含有承重的木结构，木结构间固定竹制或木制板条格栅，然后填充塑性的草泥做成墙体。木结构通常很轻便，并且易于搭建，而土是非常理想且容易操作的填充材料。但这种土与木相结合的建造方式在如今的现代建筑中已不多见。

→ 木骨泥墙指的是：木结构的承重体系，结构之间以木板条架或格栅固定，再在其上填充包裹草泥形成墙体。

工作流程

↓ 搭建木结构　↓ 固定、安装木格栅　↓ 草泥的混合搅拌　↓ 将草泥料铺填在木格栅上　↓ 完成抹面

↘ 这是法国北部典型的木骨泥墙房屋，在木结构的骨架间填充泥土。

“板条格栅”的传统

传统木骨泥墙做法会根据草泥不同的填充方式而有所不同。在最简单的情况下，板条格栅是将木条间隔数厘米，沿水平方向固定在两侧的柱子之间。将混合有麦草的塑性泥填充涂抹在格栅上，将格栅全部覆盖。干燥后通常还会做一层土的或添加有石灰的抹面作为墙的完成面。

发展现状

如今，结合木骨架进行填充墙体的技术正在向更轻便、更保温的方向发展。随着厚度的增加，木结构的墙体就有机会被填入更多的麦草混合物。这时的土必须是黏稠的泥浆状态，这能更好地舒展那些拌入的植物纤维。我们称这种混合物为“草泥”或“轻土”。将其倒入木制模具中轻压，干燥后其表面就会有一定的强度并可以进行抹面。还有一种将土与木屑或刨花相结合的新做法。在木结构的两侧钉上刨花板，然后用混合有大量木屑的泥浆将其中填满。类似这些轻便、快捷、简单而有效的解决方式是未来技术发展的重要方向。

近些年还出现了预制木骨泥墙。木板组合等工作在车间里预先完成，运输至施工现场直接组装并填土，造价和工期都能大大缩短。

木骨泥墙所用的土

木骨泥墙所用的土通常比较细，有一定黏性，不含太多砂粒，干燥后会有裂缝[p.104-105，126-127]。所以在拌土时要加一些植物类的纤维，比如麦秆。当然也有不加植物纤维的，比如法国布雷斯地区所用的就是砂性土，因为里面黏土含量低，所以干燥过程中不易开裂。

历史

半地穴式的圆形坑屋是已知最早的住居形式之一。材料是当地的土、木或石头。其中有些就是将泥土与植物结合使用，这使木骨泥墙成了最古老的建造技术之一。它于公元前 10 000 年晚期在中东地区发展起来，随后，这项技术传至多瑙河流域的新石器文明，到公元前 6000 年的时候开始遍布整个欧洲大陆。这种古老的传统技术在多瑙河流域不断被完善，流传至今。木骨泥墙建造技术也是北欧建筑遗产的重要组成部分。

建筑遗产

与夯土或土坯砖建筑相比，世界遗产名录里以木骨泥墙建造的建筑并不多，包括位于土耳其首都安卡拉北部约200千米番红花城（Safranbolu）的一座精美的奥斯曼住宅，以及法国的斯特拉斯堡中世纪古城普罗万、巴西的迪亚曼蒂纳城（Diamantina）、乌干达的卡苏比王陵。

在欧洲北部很多历史悠久的大城市里，都能够看到这种木结构间填充泥土的建筑，尤其是在德国和英格兰。法国的特洛伊、图尔、雷恩、勒芒和科尔马也有大量这种建筑。

这种木骨泥墙的建筑在木材资源丰富的地区数量众多，特别是在南美、亚洲或非洲那些潮湿的热带地区。

萨特普雷姆·马尼

萨特普雷姆·马尼(Satprem Maini)作品的独特之处在于其针对生土材料的建筑设计与技术革新。他擅长使用压制土砖(BTC)设计并建造拥有拱券、拱顶或穹顶的大空间。

← 这个建筑位于印度的曙光城。图片中以压制土砖建造的拱顶跨度超过 10 米，顶部的厚度只有 14 厘米。建造并没有使用模板，由四名工匠用时三周完成。

←↓→ 沙特阿拉伯的阿尔梅地清真寺（Al Medy），拱顶和穹顶均由压制土砖建造。令人吃惊的是，这些弧形构造部分在未使用模板的情况下，仅用七周即建造完成。

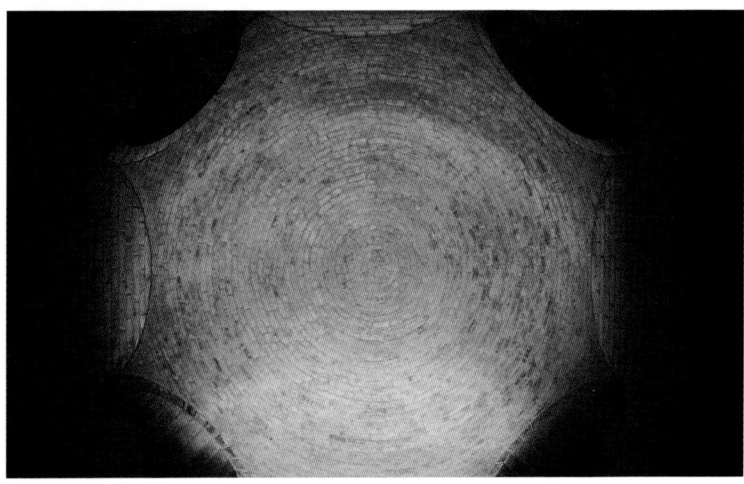

土的优势

印度曙光城(Auroville)生土学院的院长、建筑师萨特普雷姆·马尼是生土拱券、拱顶和穹顶建造领域最重要的专家之一。凭借卓越的技术控制与施工组织能力，包括对工人的现场培训，即便在施工条件落后的手工劳作背景下，他仍能令人印象深刻地以创纪录的时间建造出许多建筑。在发展中国家，这种施工方式往往比直接使用工业化材料更有优势。

七周建成的清真寺

2004 年，在沙特首都利雅得市中心，萨特普雷姆·马尼用生土砖以短短七周的时间，建造了一座拥有 18 米高尖塔、面积 432 平方米的清真寺。1 月 5 日建筑的主体部分开工，2 月 22 日完成。这包括完整的尖塔、整套空调设备、音响系统，甚至各种管道与电气管线的安装！为了应对这个挑战，正式建造前，萨特普雷姆·马尼与另外五位来自曙光城的专家在不断深化建筑方案并优化结构系统的同时，培训工人在现场用两台手动压砖机制作了 16 万块压制土砖；开工后则每天监督一支由 75 个非熟练工匠和 150 个小工组成的队伍进行施工。

拱券上的穹顶建造步骤

这指的是在四个拱券上建造一个球面的穹顶，四个拱券坐落在四根角柱之上。穹顶建造非常迅速的原因首先在于不使用模板，其次在于能够将土砖垂直面黏结在一起的生土砂浆。第一步先在地面确定角柱的位置并做出柱基础①。在柱基础间架设木模板，并把上部做成半圆形②。然后依照模板进行土砖砌筑③。在有些国家，这部分的土砖在穹顶施工完成后会拆去。最后，砌筑球形的穹顶④⑤⑥。穹顶得以快速地砌筑借助了一种三维的带有拉弦的圆规工具。这对于一个非熟练工来说也很容易操作,简单得就像个小孩的游戏。

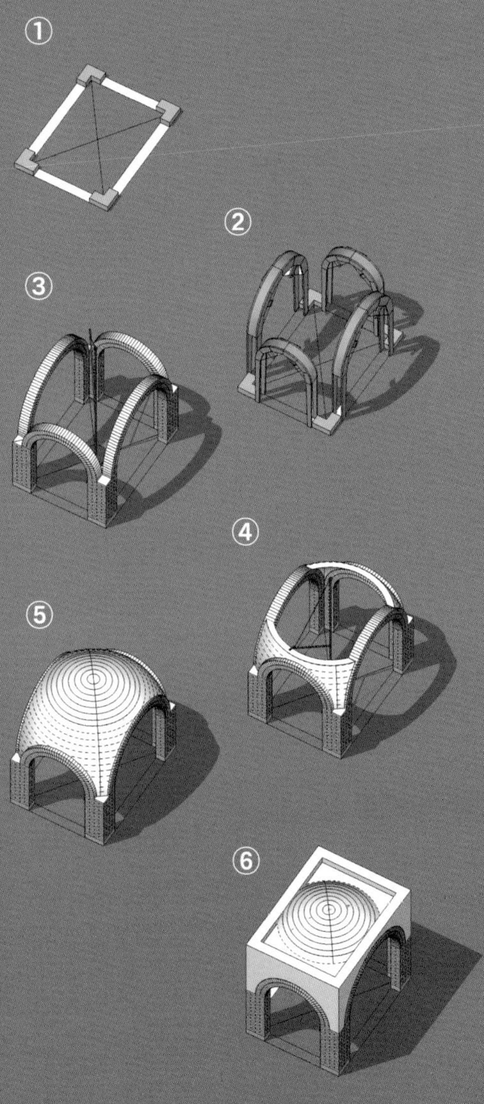

技术

压制土砖

压制土砖（BTC，blocs de terre comprimée 的缩写），是指将潮湿状态的土通过压砖机的高强挤压制成的砖。和土坯砖一样，其建造方式为砌筑。它最大的优势在于制成的土砖可以立即储存备用，而不像土坯砖需要占用很大的空间长时间晾晒后才能进行接下来的其他操作。

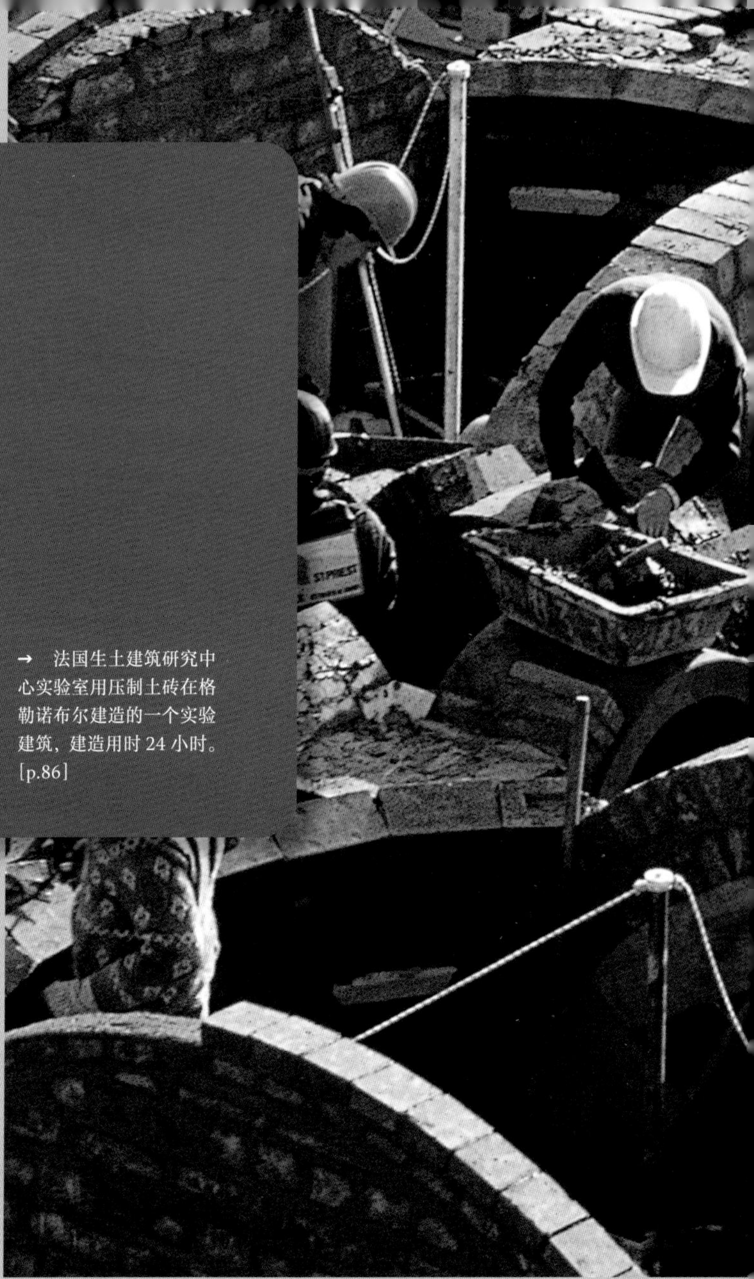

→ 法国生土建筑研究中心实验室用压制土砖在格勒诺布尔建造的一个实验建筑，建造用时 24 小时。[p.86]

工作流程

↓ 在压砖机的模具中倒入潮湿状态的土

↓ 压土

↓ 土砖出模

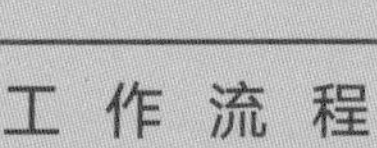

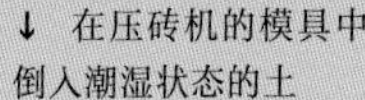

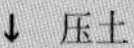

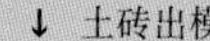

↓ 储藏备用

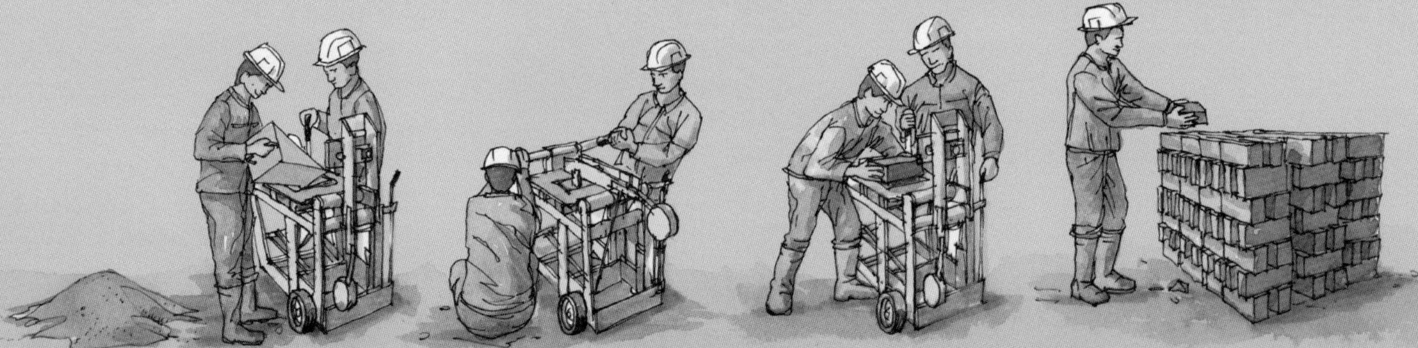

压制土砖所用的土

该技术中模具的使用决定了土料中不能含有太大粒径的骨料，比如卵石或砾石，否则会使土砖在压制过程中受力不均。因此，所用土料得平衡砂粒、黏土和其他粒径土壤的比例。如果黏性太高，干燥时会开裂，加入适当的砂粒可以防止裂缝产生。在绝大多数情况下，土料中还会加入一些水泥或石灰，来提高土砖的强度和耐水性。

手动压砖机

第一步是土料的制备，应该处理成均匀的、潮湿的粉状土。这个过程包括对土的捣碎、筛分，以及根据原土壤的不同物理属性，掺入适量的水泥或石灰进行搅拌。接下来将一定量（取决于模具）潮湿状态的混合料填入压砖机的模具，压制是借助与模具盖子相连的一个长杠杆通过手动操作完成的。压出的土砖码放储存时应保持一定的间隙，便于干燥。如果混合料中加入了水泥或石灰，土砖则需要有个养护的过程，在湿润的环境中缓慢干燥。

↘ 哥伦比亚建筑师达里奥·安古洛（Dario Angulo）设计的以压制土砖建造的集合住宅。

↗→ 压制土砖的机具通常为常规的手动压砖机，利用杠杆作用在土块上施加巨大的压力。

建筑遗产

与其他生土建造技术不同的是，压制土砖出现的时间很晚（20 世纪中期），所以还没有历史性的建筑遗产。但相关的产业与机构如今已遍布各大洲，既包括发展中国家，也有发达国家。大规模的房地产活动催生了大量的压制土砖建造的住宅，比如马约特自 20 世纪 80 年代起就以这种材料建造了超过 15 000 栋住宅和公共建筑。

历史

1952 年，哥伦比亚工程师劳尔·拉米雷斯（Raul Ramirez）发明了第一台生产压制土砖的压砖机。这款名为 Cinva-Ram 的压砖机因为操作简单、轻便，于 20 世纪 70 年代完全占据了国际市场。到 20 世纪八九十年代，随着强度和耐久性的进一步完善，压制土砖技术在非洲、拉丁美洲和印度等国家和地区的一系列经济住房项目中表现出色，以其独特的优势体现出生土建造在现代建筑领域的价值。

发展现状

这个技术没有很长的历史，但应用很广。第一批手动压砖机被发明时日产砖 300~800块，全面工业化后，日产量可达50 000块。但今天这种工业化的趋势有所衰退，因为它需要一个完善的后勤体系来支撑材料的生产与运输。所以直接在施工现场使用更轻便、易操作的手动压砖机效率会更高，也更经济。

← 夯土建造的土楼大多坐落在植被繁盛的山林中，其平面呈圆形或方形。

← 土楼内部有很多复杂的分隔，这与其朴素的外观形成鲜明反差。一座土楼内最多可容纳800人居住。

↓ 出于建筑防御的要求，土楼在外部看起来像是四五层楼高的夯土城墙，并且只有一个出入口。

↙→ 承启楼，建成于1709年，房屋围绕中心四环相套，直径达73米，外侧夯土墙最高处超过12米，层数为四层。全楼有400个房间，底层布置有厨房、餐厅及储物空间，二楼为粮仓，三、四层为起居与卧室。圆环的中央为祠堂，是举行婚丧嫁娶等公共活动的聚会场所。

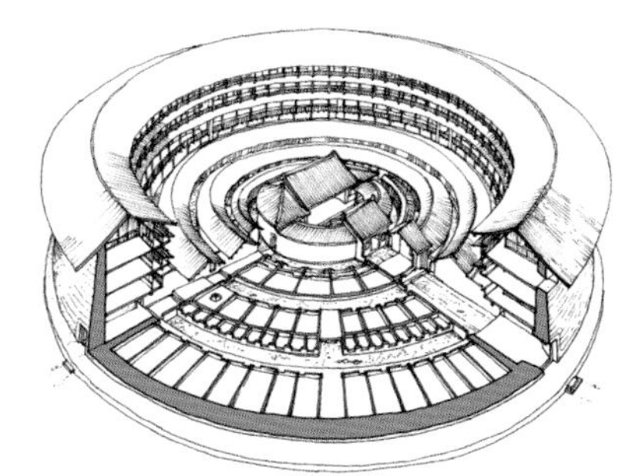

中国的客家土楼

当柯布西耶还在为城市构思最早的廉租房范本“垂直城市”时，他并不知道，早在700年前的中国，该居住模式就已经存在。土楼便是这种直径达70米、可容纳800人的巨柱形集合住宅。除了私人的住宅之外，它还具有不少公共空间，比如学校。这些特征赋予了土楼真正的城市属性。土楼或圆或方，形式虽然简单，却在土与木、重与轻之间实现了巧妙的平衡。

奇特的土楼

土楼主要分布在中国福建省西南部，大多建于公元12至20世纪之间，是一种平面呈圆形或方形、由生土建造的巨柱型多层住宅。这种大型的社区住宅可容纳很多人居住，以至于被称为“小型的家族王国”。它们和谐地分布在郁郁葱葱的山地景观之中，被稻田、烟草田和茶园所围绕。土楼的建造起初是以防御为目的，用来防止入侵者的反复袭扰。外部看起来只是巨大的夯土墙，几乎没有窗户，并只有一个出入口。与这个厚实外观构成强烈反差的是其内部轻盈而复杂的木结构。现存的这些土楼多数建造于17至18世纪之间，最新的一座建于1975年。2008年，福建土楼被联合国教科文组织列入世界遗产名录。其庞大的规模延续了700年的传统文化，与环境完美和谐的关系使土楼成为防御性与社区文化相结合的独一无二的建筑例证。

明日的集合住宅

土楼作为一种可以容纳数百人居住的集合住宅，其高超的建造智慧和优雅的环境介入方式，为我们思考未来的城市建设提供了有益的启发。今天，随着全世界城市与人口问题的加剧，如何更好地创建高密度的居住环境越来越被优先考虑。土楼并不是生土建筑中高密度住宅的唯一范例，希巴姆古城和加达米斯同样也回应了高密度的居住问题。这些例子提醒我们，回望过去，在其中寻找解决我们这个时代重大问题的方法总是有用的，甚至是必要的。套用作家托克维尔(Tocqueville)所说，“过去不再照亮未来时，当下便在黑暗中徘徊”*。

* 托克维尔原文为：“当过去不再照亮未来，人心便在黑暗中徘徊。”——译者注。

为尽可能多的人提供住房

根据联合国人居署的数据，今天全世界居住在贫民窟的人口约有 10 亿人，而到 2050 年，这个数字会增加到 30 亿。这意味着全世界每小时得建造出 4000 套住房，才能满足未来 25 年人口变化的需求。对于那些需要盖房子却又无法得到现代化工业建材的人来说，作为替代品，我们脚下的土壤就是可以实现有质量建造的建筑材料。特别是考虑到建筑业对经济各个领域的重要影响，以土为材料建造房子将会成为地区发展、促进就业与创造财富的重要手段。

24 小时建成的房子

1986 年，格勒诺布尔的国际生土建筑研究中心实验室为了回应联合国将 1987 年确定为“安置无家可归者年”（国际住房年）的主题，在格勒诺布尔建筑学院内建造了一所生土住宅，建造时间不超过 24 小时。如今这座建筑被作为办公室一直在使用。它由一组承重墙和拱形的屋顶组成，建筑主体没有使用木材、钢材或混凝土，完全用土建造。所用的土是就地取材的自然土，预先被加工成压制土砖后用于建造。这个项目表明，土是一种易得、易加工、经济且能够适应不同环境的建筑材料。

马约特的案例

经济性是土作为建材最主要的优势。这种原材料普遍存在，只要很少的投资就能建立起基本的材料生产条件，并提供工作机会。所以用土建房会有机会成为促进当地经济增长的一个杠杆，来创造更多的财富。该方式具有普适性，因为建筑业一直是经济发展的核心部分。世界上有些地方，选择水泥或钢铁等主要的工业化建材来盖房子，不管在经济上还是在生态上都不现实。比如在马约特，20 世纪 80 年代，处于极端贫困状态下的人们，不仅居住的房屋无法抵御飓风，源自当地植物的建筑材料在连续季风的影响下也会腐坏。基于对当地文化人类学与传统建筑的研究，国际生土建筑研究中心在当地启动了一个改善居住条件的计划。自 1982 年后的 20 年间，得益于该计划，以土为基本的原材料，当地建成了 20 座砖厂、超过 15 000 栋生土建筑，合计超过 100 万平方米的集合住宅与配套建筑。该计划还聚集起工匠组织、培训中心等专业机构，帮助当地人快速掌握相关技术，并将其发展成一个真正的产业网络。这些标志性的成果表明了当地各种资源在知识整合、民众支持以及政府意愿等多方面的潜力。从那时起，世界各地（摩洛哥、澳大利亚、萨尔瓦多、布基纳法索、南非等）也相继开始了类似的项目。因为在社会效益等方面的优势，土成为这些项目中被优先选择的建造材料。

1 2 3

↑ 自 1982 年以来，马约特房地产公司（SIM）与其建筑师文森特·利埃塔尔（Vincent Lietar）一直在设计和建设以压制土砖建造的社会性保障住房，通过对当地材料的充分开发与大规模使用，取得了非凡的成就。

1. 在南非城市东伦敦，一部分用土建造的住房帮助那些处境较差的人们重拾尊严。他们通过参与这些建筑领域的工作，获得新的知识、技能和就业机会，并与支持该项目的 Van der Leij 住房基金会一起获得了南非住房部颁发的 2002 年度最具创新项目奖。

2. 这所学校建于 1988 年，是布基纳法索教育部一个大型计划的一部分，该计划目的是在农村地区建造 1000 所学校。

3. 这两个位于库鲁（Kourou）的住宅建于 1993 年，由压制生土砖建造。

4. 自 20 世纪 80 年代以来，马约特以当地材料建造的住宅和公共建筑已经超过 15 000 栋。比如这所建于 1984 年的学校，就是以当地的石头、土和木材建造的，由建筑师里昂·阿提拉·谢西尔（Léon Attila Cheyssial）设计。

5. 这个房子是国际生土建筑研究中心实验室在格勒诺布尔建造的，用时不超过 24 小时，它表明生土砖完全不逊色于现代化工业建筑材料。

4

5

哈桑·法赛

建筑师们认为，世界范围内的生土砖建筑复兴源自埃及建筑师哈桑·法赛（1900—1989）。他认为埃及乡村民宅的狭小、昏暗、肮脏和不舒适这些问题不应归罪于土砖，没有什么是不能“用好的建筑设计和一把笤帚来纠正”的。他重新发现了位于阿斯旺地区的建筑传统——努比亚拱顶，这种建筑只需两个熟练工人和两个学徒，不需要架设模板，一天半就能完成一个 3 米 x4 米的房间。而同等工程量的混凝土房间，所用成本要高出五倍。为了重建开罗附近的一个村庄，哈桑·法赛设计了一种生土住宅，有两个大房间，其中含有若干个用来睡觉或储藏的凹室，并配有外廊和内庭院。当时，另一位建筑师也设计了 20 座混凝土住宅，每栋也含有两个房间，但后者的单位造价是前者的七倍。埃及政府被这些土房子有品质的设计与低廉的造价打动，于是委托哈桑·法赛在卢克索尔附近建设一个可容纳 7000 人的村落新古尔纳（New Gourna）。遗憾的是，由于战争等原因，新村只完成了一部分。即便如此，建筑师仍展现了通过简单的村民合作与土砖的使用，就能够在贫困的条件下创造出有质量的生活空间。

↓↓↘ 建筑师迪艾贝多·弗朗西斯·凯雷（Diébédo Francis Kéré）成功地在非洲推动了建筑的现代化与可持续发展。他的首个项目是位于布基纳法索的一所小学，建造结合了土砖与钢材，是个材料简洁、经济实用的完美案例。建筑的墙体为土砖砌筑，天花板之上架空覆盖着一层金属屋面，这个双层屋面既起到了隔声的作用，也有助于教室通过自然通风调节室内温度。金属屋面还保护了建筑和使用者不受阳光和雨水的侵害。2004 年，该建筑因为出色的建筑设计与社会意义获得了享有盛誉的阿卡汗建筑奖。

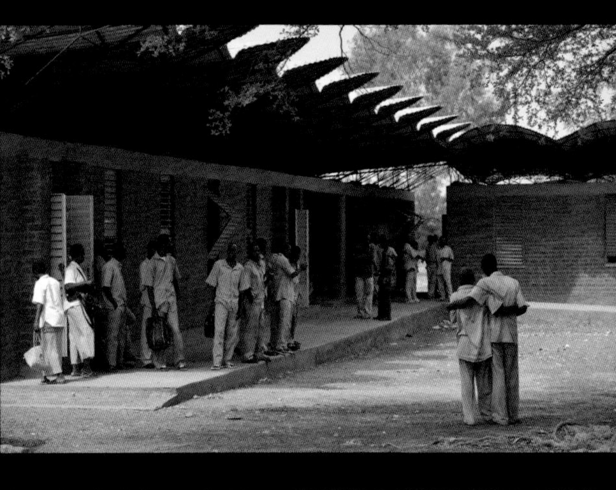

↑↑ 安娜·赫琳格（Anna Heringer）与艾克·罗斯瓦格（Eike Roswag）于2007年获得阿卡汗建筑奖的作品是一所手工建造的学校，位于孟加拉国。其底层结构为厚实的生土墙，上层为轻盈并可通风的竹骨架与细分的百叶。

实例

服务社会的建筑师

在世界各地，不少建筑师和建设者们与民众一起用土来建造有质量的生活空间，使那些最贫困的人们也能够拥有体面的住房。

技术

生土抹面

抹面也是土这种材料最简单的应用方式之一，使用的工具和其他抹面材料（石膏、石灰或水泥）完全一样。因为土干燥硬化的过程不像石膏或水泥那么快，所以生土抹面技术很适合没有经验的初学者。唯一的难点是材料的选择与配比。因此在发达国家，建材市场上可以找到袋装的已经配好的抹面用土料。这些产品的优点是有非常多样的色彩和肌理可供选择。

→ 不同颜色与肌理的生土抹面。所用的工具非常传统：料盆、抹刀、托泥板等。

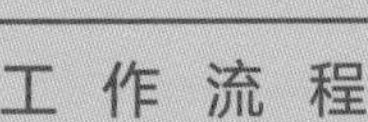

↓ 筛土

↓ 加水搅拌

↓ 湿润基面

↓ 抹面

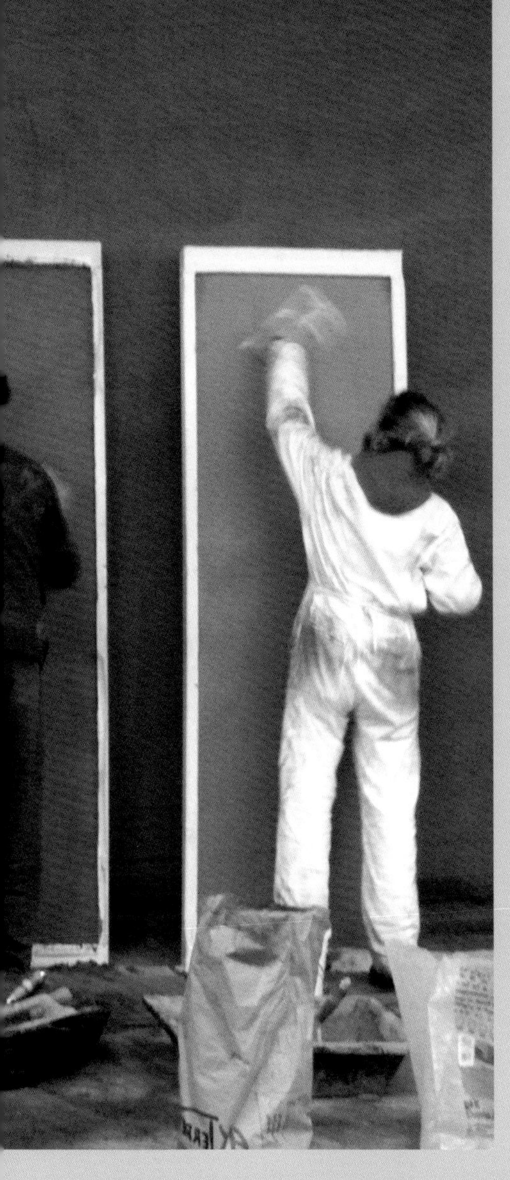

用来抹面的土

根据不同的使用需求，比如整面涂抹（以土料填补孔洞并实现墙面找平）或完成某种特殊效果的饰面层，土的选择也有差异。通常抹面的土料选用黏土含量足够的砂性土，以提高抹面的强度[p.104-105]。自然的土料在大多数情况下，需要加入一定量的砂粒，并掺入植物纤维来防止抹面开裂。如果土料筛得足够细，则能够制作出厚度仅有几毫米的饰面层。

抹面的操作

土抹面使用的工具与常规石膏、石灰或水泥抹面一样，都是料盆、抹刀、托泥板等能够通用的工具。但土抹面可以完全徒手操作，不像石灰或水泥对皮肤有伤害。操作的第一步是准备材料，将土壤过筛，分离出多余的细石颗粒。如有需要，可以在土料中掺入适量的砂粒或植物纤维，然后加水搅拌成易于涂抹的黏稠糊状。这样的拌料适合在绝大多数材质基面上的操作。

发展现状

在工业化国家，有不少专业公司出售已经制备好的土壤粉末，抹面操作前只需加水搅拌即可。这些材料以袋装形式出售。搅拌和抹面等操作所使用的工具完全可以与水泥抹面的整套工具通用。

↖ 搅拌后的土料得含有足够的水，便于黏结和平整涂抹，但也不能太稀。

↗ 有些土很容易在墙面上进行黏结或抹平的操作，并在干燥后有着惊人的强度。

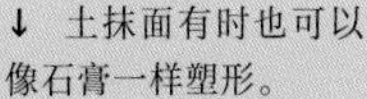

↓ 土抹面有时也可以像石膏一样塑形。

↙ 土抹面通常会做若干层，这个做法是将棕色的面层刮去，露出下面红色的土层。

↓ 这是一种夹有海绵的工具，可以在平整抹光的同时湿润介质表面。

↓ 通过这些作品，艺术家让我们意识到土这种材料在塑形、图案、肌理等方面具有非凡的表现力。

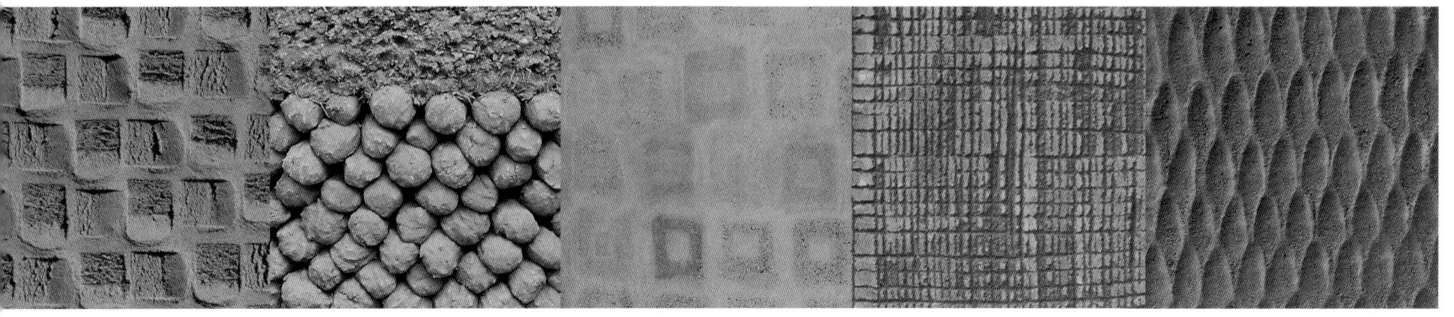

丹尼尔·杜彻特

虽然用土建造是一个延续了至少 11 000 年的古老传统，但相关的一切似乎仍然有待被再次创造。德国室内设计师丹尼尔·杜彻特（Daniel Duchert）用自己的方式证明了这一点。他深入地对土材料进行剖析，并以新颖的表达形式对历代建造者们创造出的艺术不断地做出更新。其艺术潜力的挖掘，正是基于对这种自然材料本质的深刻理解。

了解材料

丹尼尔·杜彻特很明白土内在的自然属性。在大部分人眼里很普通的土，他能判断出其构成的不同，并利用这些差异来创作多样的艺术作品。事实上，每种土都有各自的特性：含有砂石的多与少、土粒径的粗与细，尤其黏粒的多少决定着土的黏性与延展性。土中也含有空气和水，其比例同样影响着土的状态与变化。

土的设计

所有这些因素都能被丹尼尔·杜彻特利用来创造新颖多样的材料肌理。比如只靠抹面的技巧来区分不同粗细颗粒的分布，就能呈现令人惊喜的视觉效果。黏土抹面在干燥过程中会开裂，他利用这一特征，通过调整土中各种成分的多少与位置来控制裂缝的分布，并以其构成图案。他也时常将不同色彩、不同特性的土料组合在同一个作品里，比如以黑土抹面覆盖在白土基层上，再在黑色抹面层上雕刻，露出下面的白色，形成完整的黑白图案。另外，单一性状的土料也可以制造出表面光滑与粗糙的反差。又或者当抹面还是半干状态时，用手或某种工具对表面进一步加工，这很容易让人联想到早期文明中古人书写过的黏土板。由此可见，土材料或平整，或粗糙，甚至光滑如大理石等等这些表现力，仍有着无穷的变化可能。

→ 这是一个两米见方的生土抹面作品。白色土的抹面被一层黑色土的抹面覆盖，趁表面未干，刮去黑土露出下层的白色。

从了解到驾驭

对材料的处理方式源自对其自然属性的精确了解。丹尼尔·杜彻特在室内设计领域的实践与表达显然也能够更广泛地应用在生土建筑的各领域，并催生更多新的建造方式。对于生土这种极为多样且复杂的自然材料，我们还远远未能充分发掘其所有潜力，同时也更需要知道这些潜力能为如今的世界带来多少积极的变化。

→ 丹尼尔·杜彻特模仿美索不达米亚传统的书写方式，在未干的黏土抹面上进行创作。

. 通过刮刻白土抹面层，露出面层下红色土所形成的图案。
2. 矩形图案是在抹面上通过擦洗，露出砂石的水刷石效果。
. 泥球堆砌而成的“之”字形编织效果。
4. 控制裂缝交替出现形成的图案。
5. 从细节可以看到，上下两层抹面分别是白色土和黑色土。
6. 抹面上刻画出的凹槽。

↑
丹尼尔·杜彻特是泥瓦匠还是艺术家？虽然他时常使用传统的手法与工具，但其工作的基本方式通常是实验性的，直接通过接触材料来激发创作灵感。

2

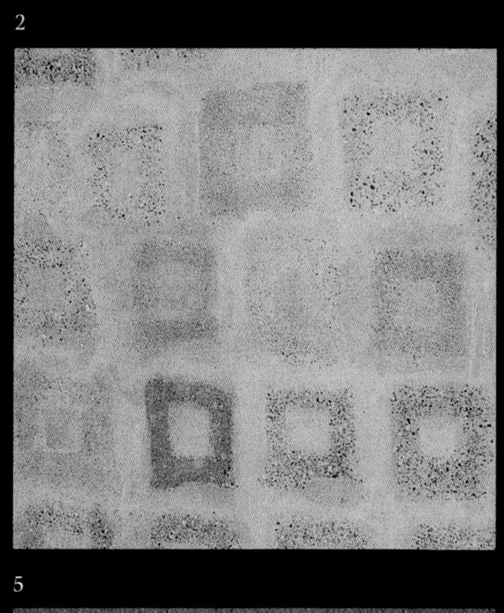

3

4

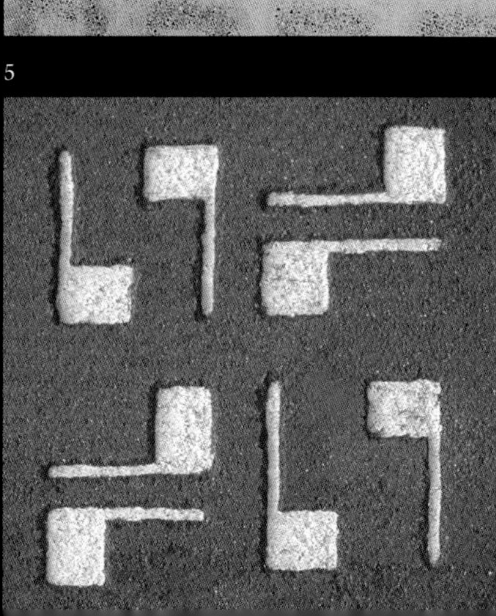

5

6

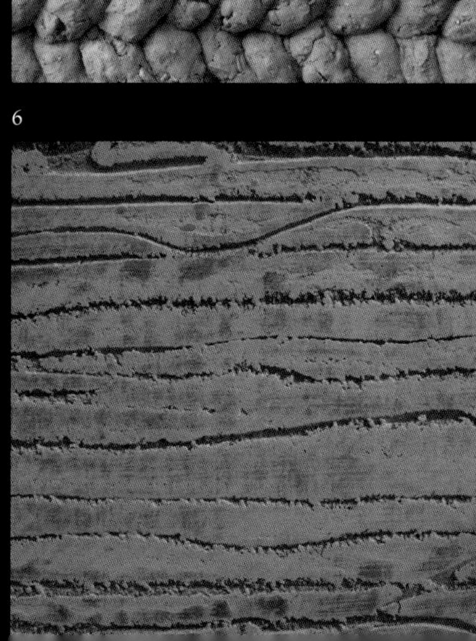

丹尼尔·杜彻特

土是如此普通的物质，但不论在设计还是建筑领域，它仍是一种有待探索的材料，等待我们去研究，去发现。

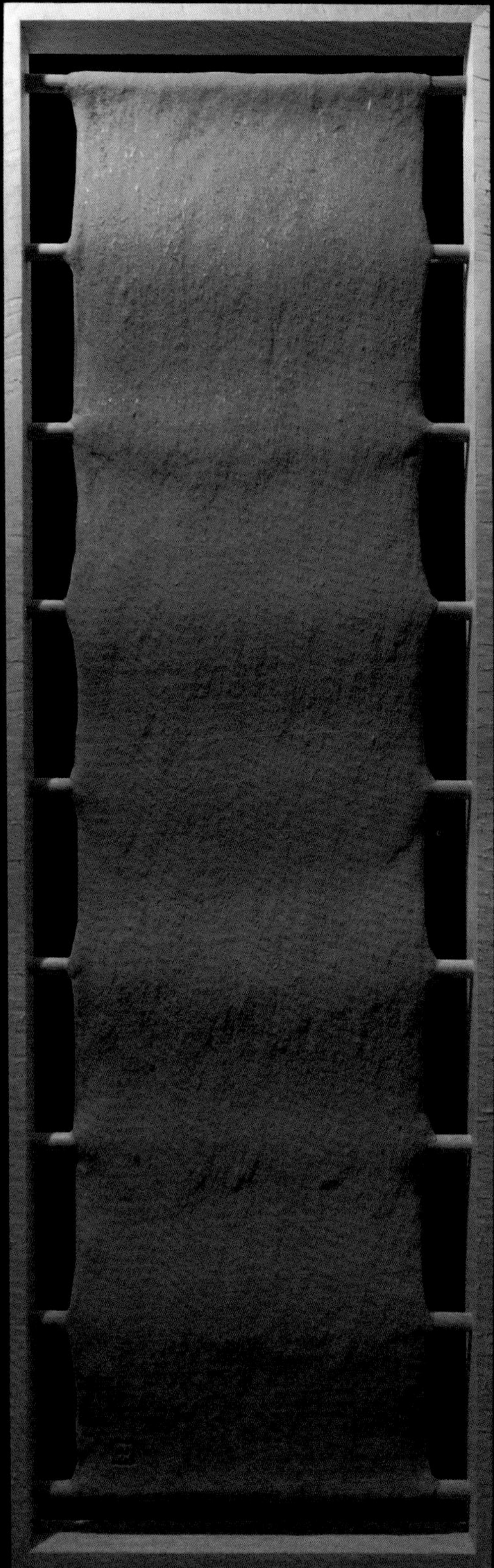

→
土像张皮子一样被延展在木架上。

↓
这些在抹面上刮出的几何形状，被光影进一步强化。

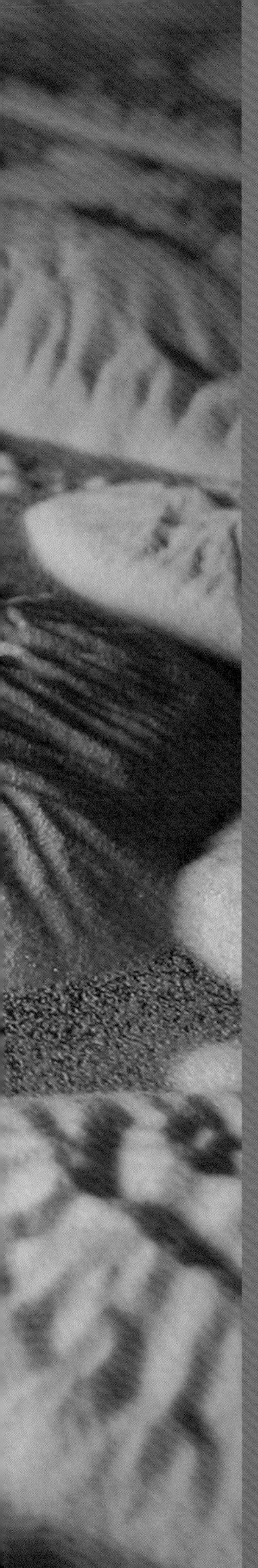

← 沙和土有个基本的共同点，即都是由颗粒物组成。尽管很常见，但它们仍有很多意料之外的特征有待我们去发现。画面中这个山峦起伏的景象，就是由细小的沙粒经过震动后形成的。

2

材料

中国的长城、也门的希巴姆、利比亚的加达米斯、西班牙的阿尔罕布拉宫……这些存在了数百年以上的世界遗产证明了在不同的地理环境与文化中，用土建造都是可行的，也是可持续的。可为什么要用这种物质来建造呢？更容易变成稀泥才是它给我们的印象，比如你走在一条泥泞的土路上，那些稀泥甚至连你身体的重量都无法承受！这样的材料又有何神奇，它究竟是什么样的物质，竟能建起伟大的建筑？

这是个复杂的问题。小时候我们都在沙堆或海边玩过堆沙堡，但直到近些年，物理学家才解开沙堡不倒的秘密，并能够解释为什么它干燥后又会坍塌。相比于更复杂的土墙，它们的原理一样吗？接下来的篇章，我们将开始另一段旅程，进入这种物质的内部。探究土的构成，能帮助我们理解沙堡的物理属性。而对黏土泥浆物理化学知识的介绍，能为这种作为材料还不广为人知的物质提供一个新的观察角度。在这些内容中，你也许会领略到英国诗人威廉·布莱克在诗句中所描绘的“一沙一世界”。

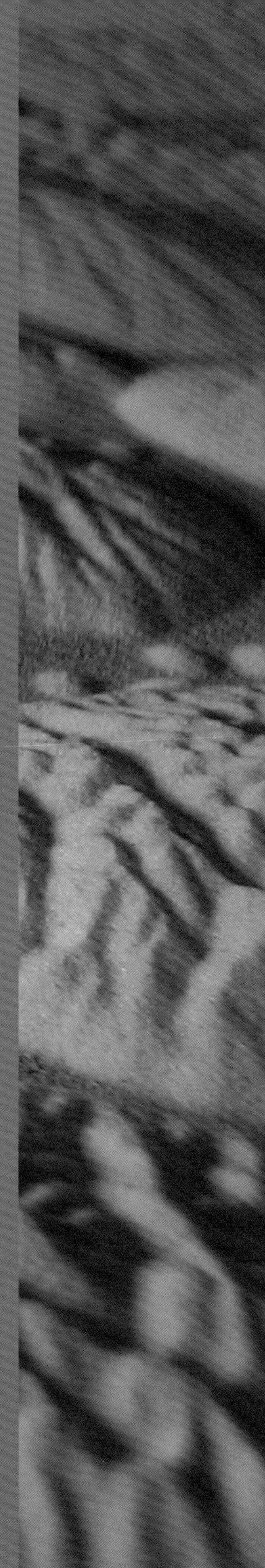

什么是土？

在这个建筑材料总是需要长距离运输的时代，我们能否就近使用脚下的土壤来实现建造呢？这个想法很有吸引力。人们只需现场进行挖掘，便能得到土来盖房子。就像很多乡村居住区周围的池塘，就是因取土而形成。既然土作为一种建筑材料已经普遍出现在我们生活的各个大陆，那么这种材料的本质究竟是什么呢？

什么是土呢？每一种土都是由若干种不同颗粒组成的混合物，这些不同的颗粒物赋予了土不同的外观、颜色与肌理，甚至不同的建造工艺。土是颗粒物材料大家族中的一员，与其近亲混凝土非常类似，但土其实才是真正的混凝“土”，一种黏土混凝土！

土壤
一种可循环的材料

种植与建造

地表的种植土不能作为建造用土，因为它含有太多的有机物（各种腐殖质、植物根茎等）。对于建造来说，一方面它强度不够，另一方面植物的生长会侵害土墙的表层。况且，正是因为这种富含营养的土壤滋养了植物生长，我们才能获得食物，所以我们盖房子要避免对这种土壤的破坏与使用。因此建造用土得适当地深挖一些：相对深层的土壤有机物要少得多，几乎只含有矿物质，可以成为坚固、持久的建筑材料。

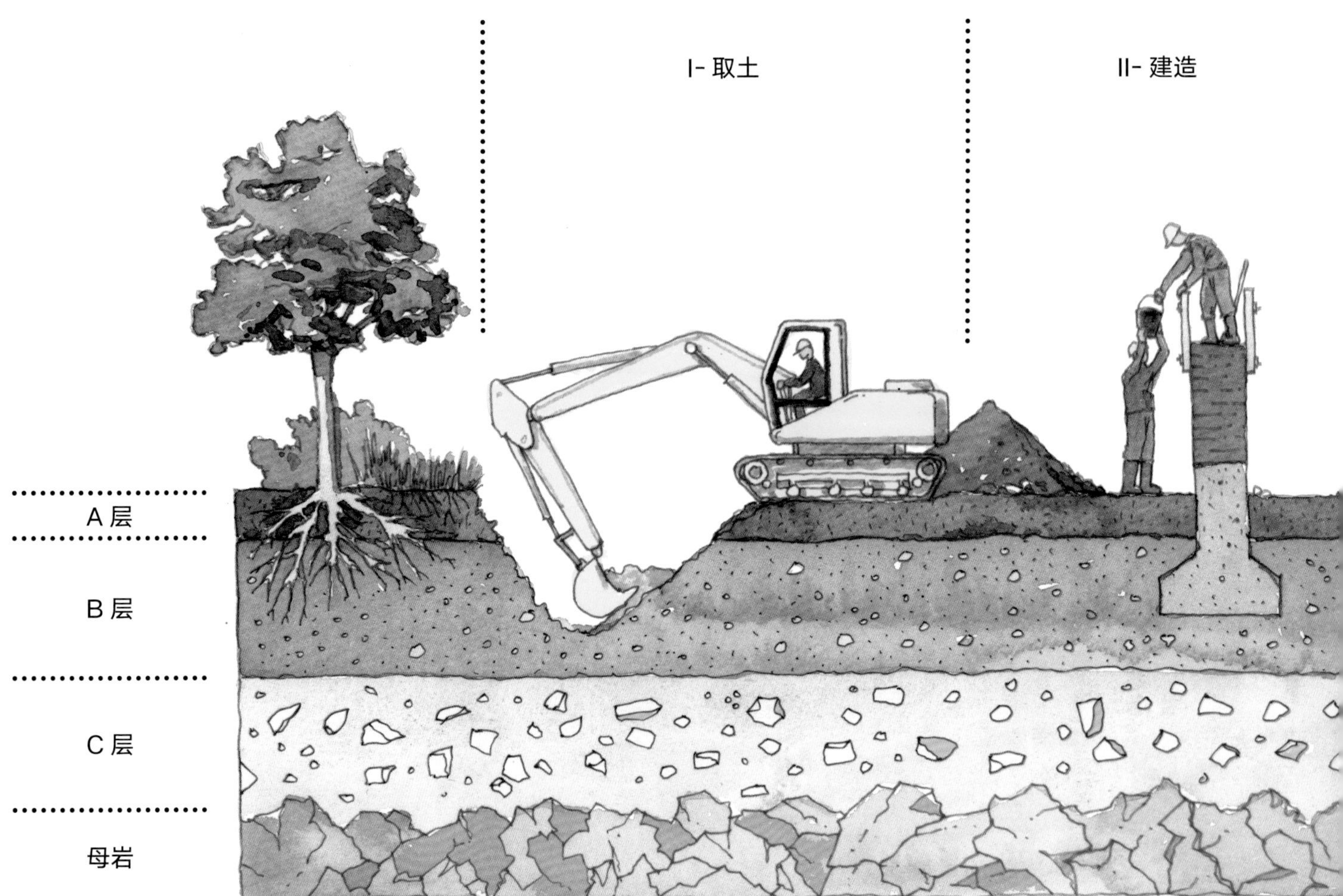

土壤的来源

通常我们所在地区的土地剖面如下图所示：土地由水平方向的若干层土壤叠加组成，每层土壤的厚度不一，薄的几厘米，厚的几十厘米甚至更多。下图以概括的方式将母岩上方的土壤描绘成三个水平层（A、B和C）。A层为地表种植土，含有矿物质和有机物。颜色通常比下面的土深些，呈深棕色，这是腐殖质的颜色，由与动植物相关的有机分解物组成。B层的土壤是能够用来建造的。C层则是土壤与岩石的混合物，也称作风化岩。

土壤是母岩表层的部分在漫长的时间里，在太阳辐射、大气、水和生物所产生的物理、化学等作用下分解与变化所形成的。因此，我们也可称土壤为“腐烂的石头”。

土是一种“腐烂的”材料

生锈的金属、腐烂的木头、被化学作用侵蚀的石头或水泥，时间会让所有这些建筑材料最终变质分解。但是土却有所不同，因为土是一种已经变质过的建筑材料，不会“再腐烂”了。若能适当地保持水分，土不仅不腐烂，其耐久性还会更好。就算用火烧，也只是将生土变成熟土，所以它也是不怕火灾的材料。

一种可循环材料

土作为建筑材料最大的优势之一就是可以循环利用。避开地表种植土（图中A层土壤），使用B层土壤，不用烧制，也不用化学类的改性就能进行建造。在其生命的尽头——房子拆毁后，这些土还能直接用来建造另一座房子，或者重新返回地里。

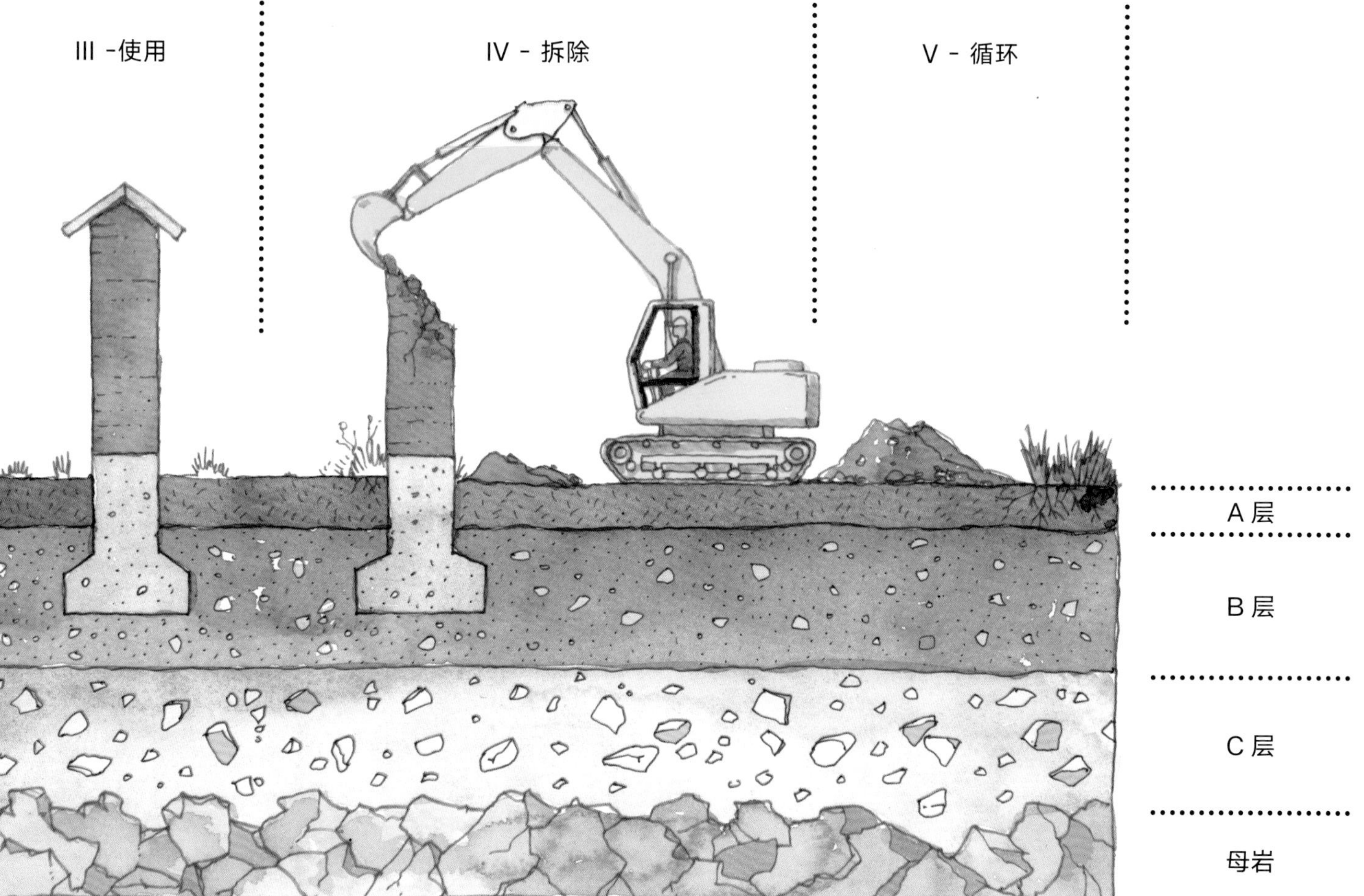

↑→
实验 1
用筛子可以将土壤进行粒径上的区分，从大到小通常分为碎石、砾石、砂粒、粉粒、黏粒。

土由颗粒组成

颗粒的分级

土壤中混合着大小不一的各种颗粒[实验 1]，每种不同粒径对应着各自的名称。我们一般使用这样一种从大到小的分级排列方式。

	粒 径
碎石（Cailloux）	20cm~2cm
砾石（Graviers）	2cm~2mm
砂粒（Sables）	2mm~60μm
粉粒（Silts）	60μm~2μm
黏粒（Argiles）	2μm以下

非专业认知通常会混淆土和黏土，其实黏土由黏粒组成，黏粒是土颗粒中最小的那部分。在某种程度上，土更像是一种包含有多种大小颗粒物的沙。

不同的土中碎石、砾石、砂粒、粉粒和黏粒的含量也各有不同。在使用上，其各自比例的多少对应了不同的具体建造工艺[p.104-105]。比如，含碎石多的土适合用来夯筑。

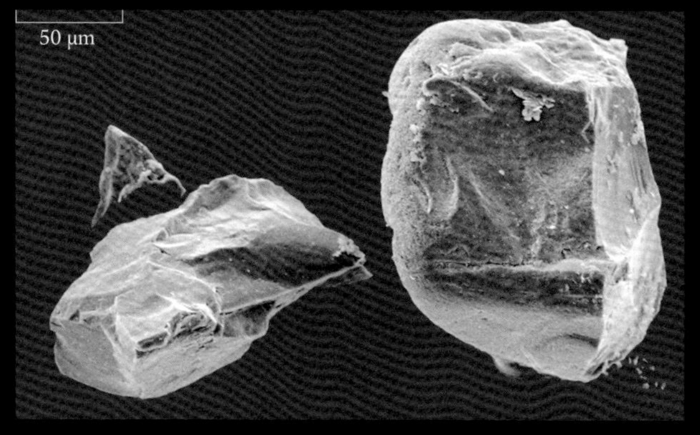

↑ 电子显微镜下看到的粉粒，呈带有棱角的块状。而碎石、砾石和砂粒的区别只是大小尺寸的不同。

← 电子显微镜下看到的黏粒为“片状颗粒”，是土壤构成中最细小的颗粒。

粒径

碎石、砾石、砂粒和粉粒主要由岩石碎片组成，依据各自的“历史”呈现为棱角状或球形。这些颗粒的区别只是粒径的大小有所不同，比如粉粒就是非常细小的砂粒。

特殊的黏粒

黏粒则明显有些特殊，是极其细小的颗粒，肉眼无法看到。我们知道与水混合后的黏土很有黏性，黏土实质上就是由黏粒这种非常细小的微粒聚集而成。在电子显微镜下观察，黏粒的形状和土里的其他颗粒大有不同，它是一种扁平的片状微粒。

这种特殊的形状赋予了黏粒特殊的角色：用来黏结和连接其他颗粒。就像水泥在混凝土中黏结石子和砂粒一样，黏粒就是土中的黏结剂，而碎石、砾石、砂粒和粉粒一同构成了粒状的骨架（骨料），为土这种材料赋予了刚性。要想让土成为高质量的建材，黏结剂和骨料都必不可少。

①
②
③
④

III 技术

土与建造工艺

①夯筑所用的土

理想的夯筑用土应将碎石、砾石、砂粒、粉粒和黏粒按一定比例混合。这种土是一种真正的天然混凝土，足够的黏粒可以提供各种颗粒间的黏结，各种颗粒间合适的比例能够保证材料具有足够的刚性，同时又能防止开裂。

②土坯砖所用的土

含有很少量的碎石和砾石，这种土很适合用模具成形和手工操作。适量的砂能使材料在塑性状态下的施工中不易开裂。

③木骨泥墙所用的土

这种土颗粒很细，几乎不含碎石或砾石，砂也不用很多。它黏性较好，但容易产生干缩裂缝，掺入麦秸或适量的砂粒可以减少裂缝产生，常用来填充在已经做好的木制墙身骨架上。

④灰浆抹面所用的土

完全不含碎石和砾石。砂粒、粉粒和黏粒按适当比例混合，其中砂粒的占比要比做土坯砖时多，这能使材料即使在含水量很大的情况下也不易开裂。这种土在稀稠的状态下是理想的灰浆或抹面材料。

⑤无法用于建造的土

不含碎石和砾石，也不含砂粒。尽管有少量黏粒，但也起不了太大的黏结作用。这种材料易碎，强度低，不适合用来建造。

实例

不同的土

在“土材料”这个概念背后，隐藏着一系列不同的物理化学特征，正是这些特征定义了土的材料属性。虽然这里的土颜色各不相同，但我们更想展示的是碎石、砾石、砂粒、粉粒与黏粒之间比例的差异，因为每一种土在具体的建造中都有各自的使用方式。

土是一种黏土混凝土

我们常说的混凝土里面其实没有土，它是砾石与砂通过水泥黏结在一起的混合物。而“混凝土”这个词实际上指的是由黏结剂连接颗粒物骨料而制成的一种复合建筑材料。因此，土也是混凝土这个大家族中的一员。

砂岩：一种天然混凝土

混凝土已经存在了千百万年：大自然早就创造了它——砂岩。自然非常有耐心地用数百万年时间将各种颗粒物黏结在一起，成为一种石头。这些石头暴露在地表之后，会被逐渐分解，并将那些颗粒物再次释放。然后，它们就开始了再次成为天然混凝土的新循环，或者成为人造混凝土，由人类来帮其完成这个过程。

水泥混凝土：一种人造岩石

用水泥混凝土建造时，人们可以在数分钟内就造出这种“人造岩石”。但想实现这一操作，得先以极高的温度加热一种天然岩石，并混合石灰石和黏土，再将获得的物质研磨成粉，这就是波特兰水泥，因为颜色类似英格兰一个叫波特兰的岛上的石头而得名。这种水泥与砂和砾石混合后，与水接触就能变成坚硬的混凝土。

土墙：一种黏土混凝土

大自然能够分解岩石，并把最细的部分变成黏粒。这是一份珍贵的礼物：我们没必要像为了得到水泥一样加热它。土是真正的天然混凝土，黏粒能够黏结各种作为骨料的其他颗粒物。通过这种组合，我们就能得到一种可以建造高大建筑的坚固材料。

←→
在夯土工艺中，拌好的土料被倒入事先装配好的模板中，只经过简单的夯压，就能够得到一面坚固的土墙，而且可以夯完马上拆模。

↑
实验 2
当物理学家们对沙子开始感兴趣时，他们起先无法将沙子归类为液体或固体：当被静置时，沙子通常为一小堆，像固体一样，也能承受一定的重量；而当我们倾斜容器，沙子就会像液体一样流动。

“流动的石头”

早在 1820 年法国的格勒诺布尔地区，水泥混凝土的第一批使用者就被这种材料吸引住了，当时他们用这种材料仿制造型复杂的石材构件，来装饰有着丰富细节的布尔乔亚式建筑立面。混凝土的确有着非凡的魔力：只需将水加入这种细粉末中搅拌，在常温状态下就能使其从液态转变为任何形状的坚硬固态。简而言之，这是一种“流动的石头”！这种相态的转变也适用于土。生土砖就是经过干燥后从塑性状态变为固态的。夯筑工艺也有着类似的操作：春天从地里取土，这时的土壤湿度适中，不用再额外加水，直接倒入模板中夯压就能使其成为结实的固体。

颗粒构成的材料

夯筑前拌好的土料与夯筑后立即拆模的夯土墙，两者的形态虽然截然不同，但含水量却是一样的。土料被像液体一样倒入模板中，夯筑完毕时成了坚硬的固体。这种形态变化是颗粒物材料的一个明显特征。干燥的沙子作为另一种颗粒物构成的物质，也表现出这种既是流体又是固体的特征：沙子能像液体一样流动，能够适配它所处的容器，同时还能承受相当的重量[实验2]。建造者们对土与其他混凝土的使用方式正是基于颗粒物材料这样的属性。

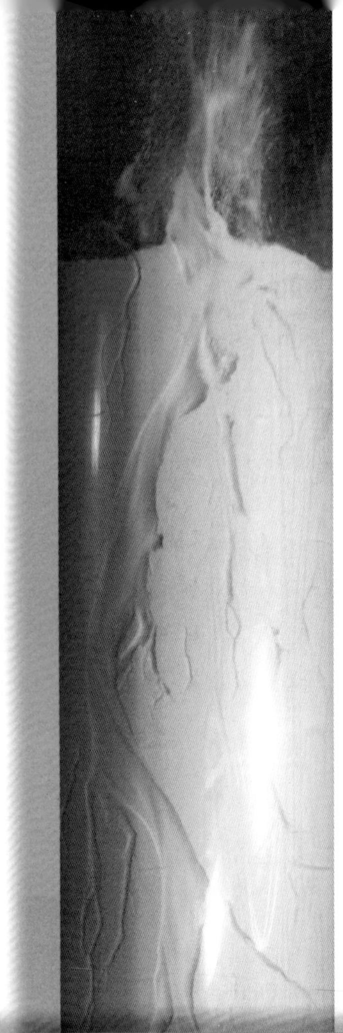

颗粒、水和空气

颗粒间的空隙

想要明白颗粒物材料为什么在表现方式上有如此多差异，我们就不能忽略一个基本现象：颗粒物聚在一起时是永远无法完全密实的。也就是说，空隙一直存在，是这些“空”与颗粒一起才构成了颗粒物材料。空隙体积和颗粒总体积的关系我们称之为孔隙率。在土壤中，这些空隙通常被或多或少的空气与水占据。一面“干燥”的土墙（现实里并不存在完全干燥的土墙）内部总是会含有空气。所以土其实也是一种多孔材料。像所有的颗粒物材料一样，干燥的砂粒间也存有大量的空气［实验 3］。对于各种混凝土（生土混凝土或水泥混凝土）来说，空隙都普遍存在，其孔隙率的大小会直接影响到材料的基本属性。

卡拉萨斯实验。不同的相态意味着土、水和空气所占比例的不同，通常也对应着不同的建造方式。比如夯土对应的是“潮湿土 / 夯实”；制作土坯砖或草泥团对应的是“塑性土 / 压实”；抹面及砌筑用泥砂浆对应的是黏稠土或流体，如果出现干缩开裂的话，则要适当地在土中添加一些抗裂材料。

砂性土

空气含量

夯实

压实

填满

干燥　潮湿　塑性　黏稠　流体

含水量

土的三相

土颗粒间的空隙时常会被水或空气填充，有时是水和空气一起填充。所以，土的存在状态是由固体相、液体相、气体相组成。这三种状态的比例关系决定着土的基本特征。相互间比例的改变所带来的影响可以通过下面一组图片来展现，这个实验被称作"卡拉萨斯实验"，发明者是建筑师维尔弗雷多·卡拉萨斯－阿艾多（Wilfredo Carazas-Aedo）。立方体模具中填充不同含水量的土（干燥、潮湿、塑性、黏稠、流体）。至于空气的含量，我们通过施以不同的压力来控制（填满、压实、夯实）。通过对这些参量的控制，土会呈现出诸如松散的粉末状、黏结在一起的块状、饼状等状态。要想理解土材料，就得先了解这三种相态的相互作用。

←↓→

实验 3

由颗粒物构成的材料，其内部从来都不只是颗粒本身，通常还有空气。我们可以通过向玻璃管内填充粉砂来进行观察。当竖向震动管子，可以看见粉砂内部的空气会带着一些细粉陆续喷出。震动不停的话，颗粒间气体喷出也不会停止。随着气体的排出，粉砂会在管内壁留下类似树根状的"河床"。

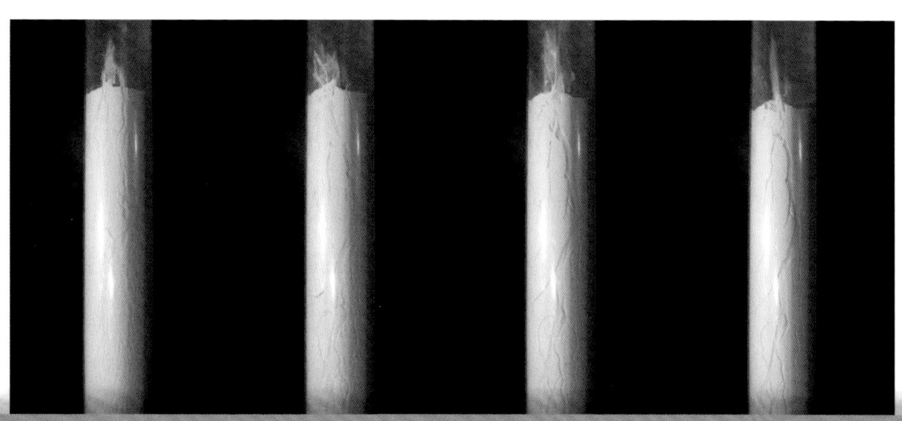

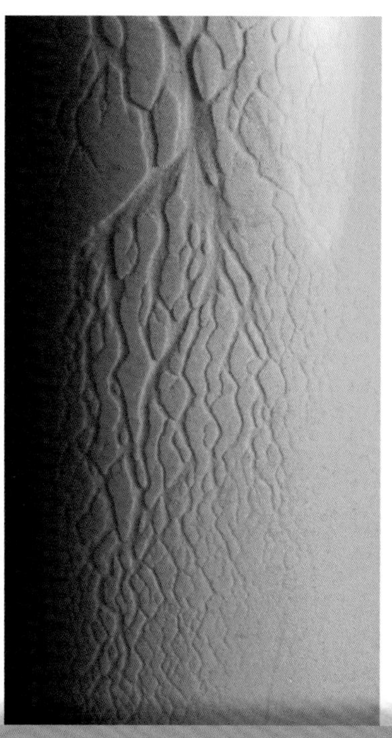

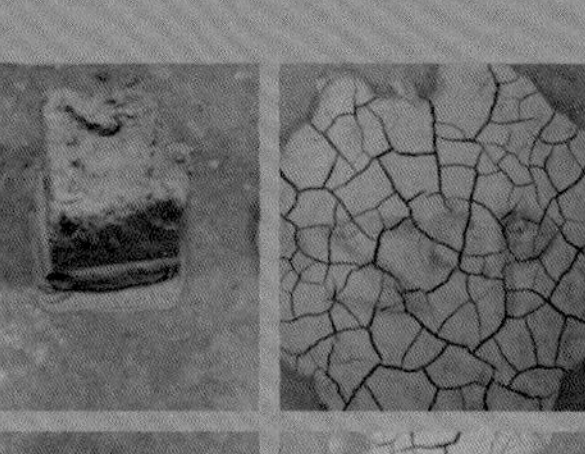
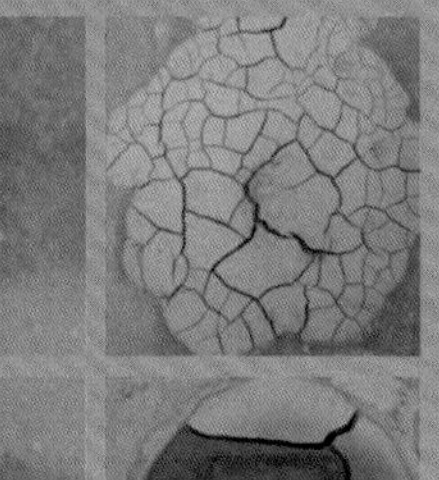
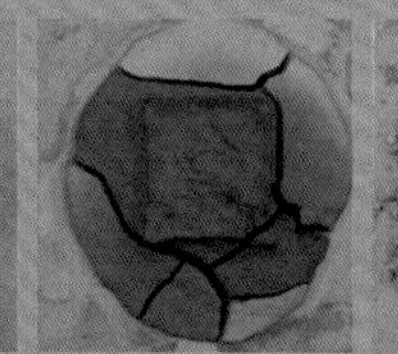

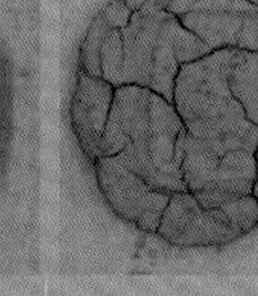
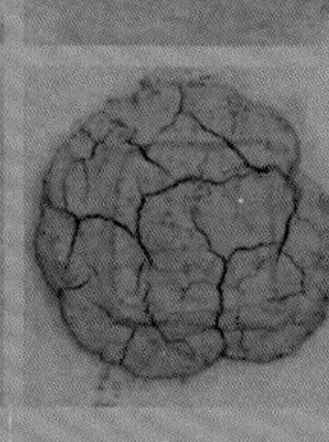

←
虽然只是一堆沙，却能够为建造者们揭示很多有用的信息。

沙堆的物理知识

土是由极其多样的颗粒物组成的混合物：这就是它的复杂性所在！为了理解它，让我们从相对简单的开始，先来看看干沙或者沙堆的物理属性。毕竟土可以被看作一种粒度分布范围非常广的沙。

对干沙的研究是近二十年来最具革新性的课题之一。尽管比土简单些，但沙仍是一种有着复杂属性的材料。今天，在干燥颗粒介质的物理学研究中，很多新的成果都能帮助我们更好地揭示土建筑，或者混凝土建筑的材料秘密。

↘ 这个二维的阿波罗尼奥斯堆叠模型能够帮助我们了解高强度混凝土材料的构成原理。

空隙的填充

无论什么材料，内部有空隙的位置一般来说总是相对薄弱的地方。土也是这样，土的材料强度很大程度上取决于材料中不同大小颗粒间的级配关系。研究者们根据这一基本特征，能最大限度地降低材料的孔隙率，并制造出强度堪比钢材的水泥混凝土。

一小堆土中，空隙所占的体积通常超过一半：这时它是松散的、没有黏结力的粉末状。将其倒入模具后用力压实，空隙大约会降到 30%：这时它会变成黏结在一起的固体。所以减少颗粒物间的空隙，能够使其强度得到提升。

1+1 不总等于 2

将同样体积的细石与沙混合在一起，我们能看到混合后的石与沙所占有的空间比之前两种材料分开放置所占有的空间总和要小［实验 1］。简单的“1+1=2”在这里不再适用，道理其实很简单：是沙子填充了细石间的空隙［实验 2］。实际上，在这些大小粒径之间，存在着一个密实度最佳的级配比例。通过称量不同的沙石混合物，可以找到最大密实度的沙石比例：大约 30% 的沙和 70% 的细石。为了提高颗粒物材料的密实度或者说强度，我们一方面要混合大小不同粒径的颗粒，另一方面还要控制好各种粒径所占的比例。

↑
实验 1
将细石和干沙分别在两个容积相同的盒子中填满，然后将它们倒出混合在一起，再将这些混合后的颗粒物装回之前的两个盒子中，发现两个盒子无法都被填满。这是因为混合物会更加密实，而总体积也小于之前未被混合时。由此可见，对于这些由颗粒物构成的材料来说，1+1 不见得等于 2！

↑→

实验 2

在一个透明的框子里填入细石，然后再倒入白色的细沙。我们能看到白沙会逐渐填满细石间的空隙。这解释了为什么不同粒径的混合物会比单一粒径的混合物密实度更高。

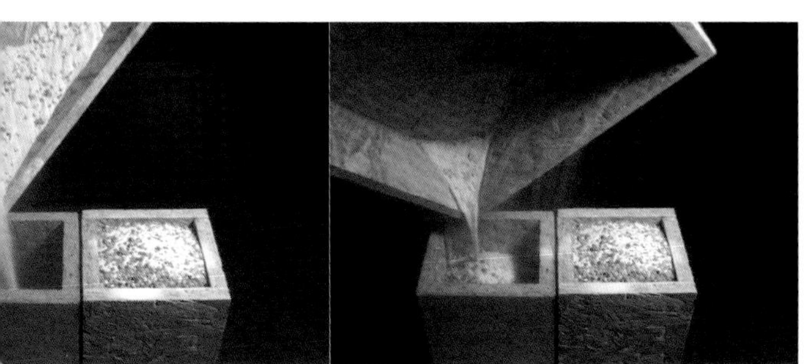

超密实

即便沙子填充了细石间的空隙，但较小的颗粒间依然有空隙存在，这部分空间仍可以用更加细小的颗粒来填充。如果重复这个操作，是否有可能不断用越来越小的颗粒填充空隙，来获得一个没有空隙的材料呢？几何学里有个类似问题：如何只用球体最大限度地填充某个单一空间？最优的数学答案是阿波罗尼奥斯堆叠模型，四个球体间的每个空间都被一个球体填充，它们的表面都相互正切，无限地重复这个操作，就能达到一个终极的密实度。阿波罗尼奥斯堆叠是一个非常特别的数学分形结构，这个结构模型由阿波罗尼奥斯（Apollonios de Perga）在公元前 3 世纪提出的，至今在我们的现实中仍颇具实践价值。根据阿波罗尼奥斯堆叠分形结构制作的混凝土可以具有很高的强度：相较于传统混凝土 10%~20% 的孔隙率，这种新型混凝土孔隙率可达 1%~2%，同时抗压强度也从 20 兆帕提升至 200 兆帕。

强度堪比钢材的混凝土

在法国南部的埃罗省，临近“魔鬼桥”的地方，建筑师鲁迪·里奇奥堤（Rudy Ricciotti）与结构工程师罗曼·里奇奥堤（Romain Ricciotti）合作设计了一座精巧的名为“天使步道”的人行桥，使用的是超高性能纤维混凝土。长度 69 米的桥身看上去像一个巨大的钢梁。该混凝土的孔隙率仅为 2%，而传统混凝土的孔隙率为 10%。其力学性能已经非常接近钢材。这在一定程度上正是因为使用了理想的几何学堆叠模型。

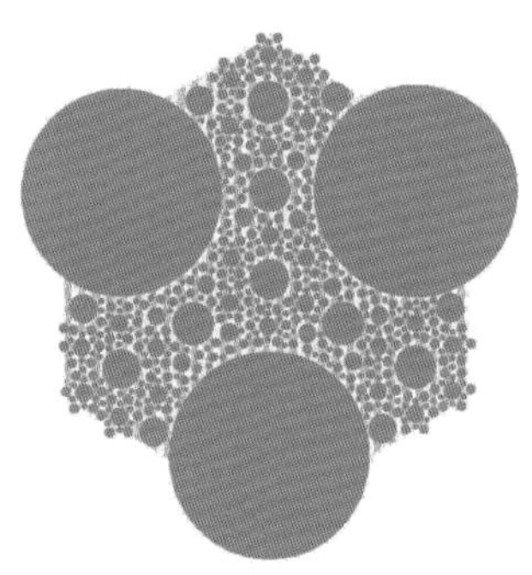

←
类似这样的粒径间隔式堆叠，在施工中能获得更具有流动性的混凝土。

流动的混凝土

然而，对密实度的追求最终还是要兼顾到混凝土的实际施工，我们知道，混凝土在浇筑过程中需要尽量保持其流动性。为了在施工的可操作性和密实度之间达成一种平衡，我们就得超越阿波罗尼奥斯堆叠模型，使其转变成一种“间隔”式堆叠。顾名思义，这种堆叠是用相互间隔、不相接触的球体填充空间，同时像阿波罗尼奥斯模型一样，继续使用越来越小的球体，以尽量减少剩余的空隙。这样的话，在并没有多加水的情况下，颗粒的移动变得更加容易，混凝土在施工中也更具有流动性与易操作性。材料颗粒的间隔式堆叠是“自流平”类混凝土的关键所在：只需少量的水，材料就能自然地摊开为一个水平的表面。在传统的混凝土中，大量的水是为了便于材料间的搅拌与流动，但水在干燥蒸发后会留下很多孔隙。相反地，自流平混凝土加水量少，却更具流动性，干燥后更加密实，强度也更高。

二氧化硅粉尘

除了研究颗粒物材料间的最优比例外，我们还需要使用尽可能细小的颗粒物来填充材料中各种微小的空隙。对于高性能混凝土来说，好的选择是作为工业尾气的二氧化硅粉尘，它粒径大小并不均匀，但最大的直径也小于 1 微米。这些颗粒是提升传统混凝土强度最理想的空隙填充材料。

↑
在高性能混凝土中，二氧化硅粉尘颗粒物确保了那些极细小的空隙也能够被填充。

适用于土吗？

上面提到的这些概念是否也适用于土材料呢？土材料中含有很多大小不一的颗粒物，甚至还有不同粒径的砂和石子。除了考虑它们之间最优的级配关系外，更多样的粒径分布同样有助于建构一个非常紧凑密实的颗粒物骨架。比如在法国伊泽尔省用来夯土的土壤，粒径的分布大到直径 10 厘米左右的卵石，小到几微米的黏粒 [p.104-105]。因此它是很理想的建筑材料，是真正的自然“混凝土”。

像水一样流动

自流平混凝土或自密实混凝土都只需少量水就能够具有流动性，这使得在现浇过程中，只靠混凝土自身的流动就可以摊开成一个水平的表面。这种流动性的获得很大程度上是因为使用了间隔式堆叠这一几何模型。

III 技术

颗粒物的堆叠与用土建造

1

参考几何学堆叠模型，通过准确地优化材料中各种颗粒的比例关系，研究者们如今已经能够制作出超高密实度和强度的新式混凝土，并控制其流动性，例如自流平混凝土或者与之相对的零塌落度混凝土（干性混凝土）。同样，通过对土中各种颗粒级配关系的调整，比如简单地增减砂粒或砾石的数量，也能创造出新的材料特性。

例如，图 1和图 5 中展示的是一种具有黏结性能的用于抹面或泥砂浆的土质材料。虽然非常黏稠，但也能用来建造一面竖直的隔墙，要做的只是调整土中的粒径分布，同时减少砂及粉粒的含量，并加入一定的砾石。其结果与自流平混凝土相反，它是真正的零塌落度黏土混凝土。它因为黏结性非常好，可以在施工中用来修补一些十几厘米深的洞口，且不会塌陷或产生干缩裂缝。而一般的生土或泥砂浆抹面厚度超过 3 厘米就会塌陷变形。

通常，要像现浇混凝土那样现浇一面土墙［图 2~ 图 4］而不产生干缩裂缝是无法想象的。但如果我们参照间隔式堆叠模型，利用砂粒和砾石对土中自然的粒径分布作出修正，就能用少量的水像现浇混凝土一样现浇土，并且不产生裂缝。

2

3

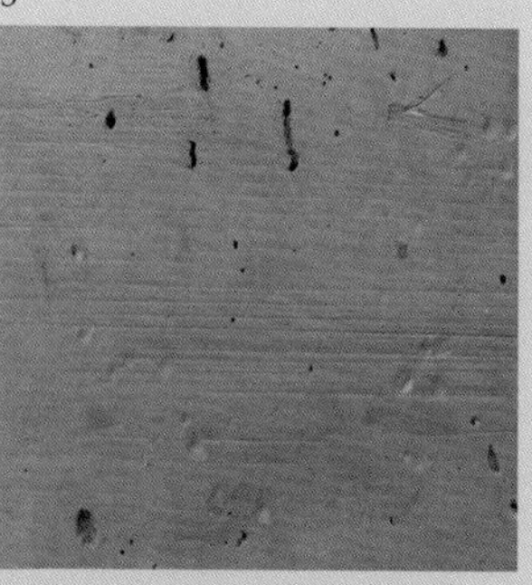

4

5

颗粒间的摩擦

土是由不同颗粒物依靠一些作用力连接而构成的。我们已经知道，填充颗粒物间的空隙能让材料更加密实,这也意味着颗粒物之间接触点的数量变多了。那么，是什么力量在颗粒物间的接触点上发生作用，并使它们产生了结构意义呢？在探究土这种复杂材料之前，我们先从观察一堆干沙开始。它的组织方式揭示了摩擦力的存在，是摩擦力决定了沙堆的形态。

静止与崩塌

从一个正在成形的沙堆中，我们能发现一些有趣的现象。仔细观察沙堆表面，能看到存在着一种脆弱的和谐，沙粒顺着滚动的方向不断地在稳定与不稳定状态间来回切换。当沙堆表面的斜角太陡时，表面会产生崩塌，而崩塌会重新将沙堆以新的斜角再次稳定。静止和崩塌交替出现，使沙堆最终接近一个完美的圆锥体［实验 1］。随着沙堆的变大，表面坡度不再变化，这时沙堆表面与水平面间的夹角被称为“安息角”。每种颗粒物都有自己的安息角：每次重复实验 1，这堆沙总是会在这个安息角度达到稳定。而那个从稳定到不稳定状态的临界角度，我们称之为“崩塌角”，它大约比安息角大 2°［实验 2］。

摩擦

决定沙堆表面坡度的因素有沙粒的大小、形状、粗糙程度、棱角或者自身的密度。因此，一堆小沙粒的安息角会比一堆小玻璃球要大一些，而又比一堆带棱角的沙粒安息角小［实验 3］。颗粒物表面如果更圆或更光滑，因为摩擦力变小，产生的安息角就越小。假如颗粒物间没有了摩擦力，那么它们就会像液体一样，被摊在一个水平面上。所以安息角有时也被称为摩擦角。

↖
实验 1
随着沙子的流动，沙堆的表面坡度会不再变化，这时沙堆表面与水平面间的夹角称为“安息角”。其表面的颗粒处于不稳定的平衡状态，隔一段时间就会崩塌。

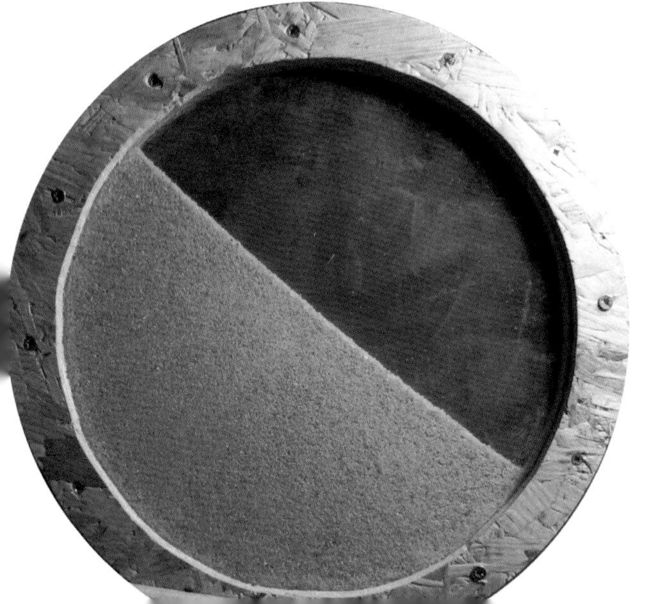

←
实验 2
崩塌角是沙堆表面从稳定到不稳定状态的临界角度。圆盘一旦转动倾斜到这个角度，沙堆表面就会重新开始流动，最终在达到安息角时稳定。

↑
实验 3
沙堆的坡度取决于其粒径的特征，小玻璃球（下部灰色部分）的安息角小于普通沙粒（中部棕色部分），而带有棱角的砂粒（上部深褐色部分）的安息角最大。

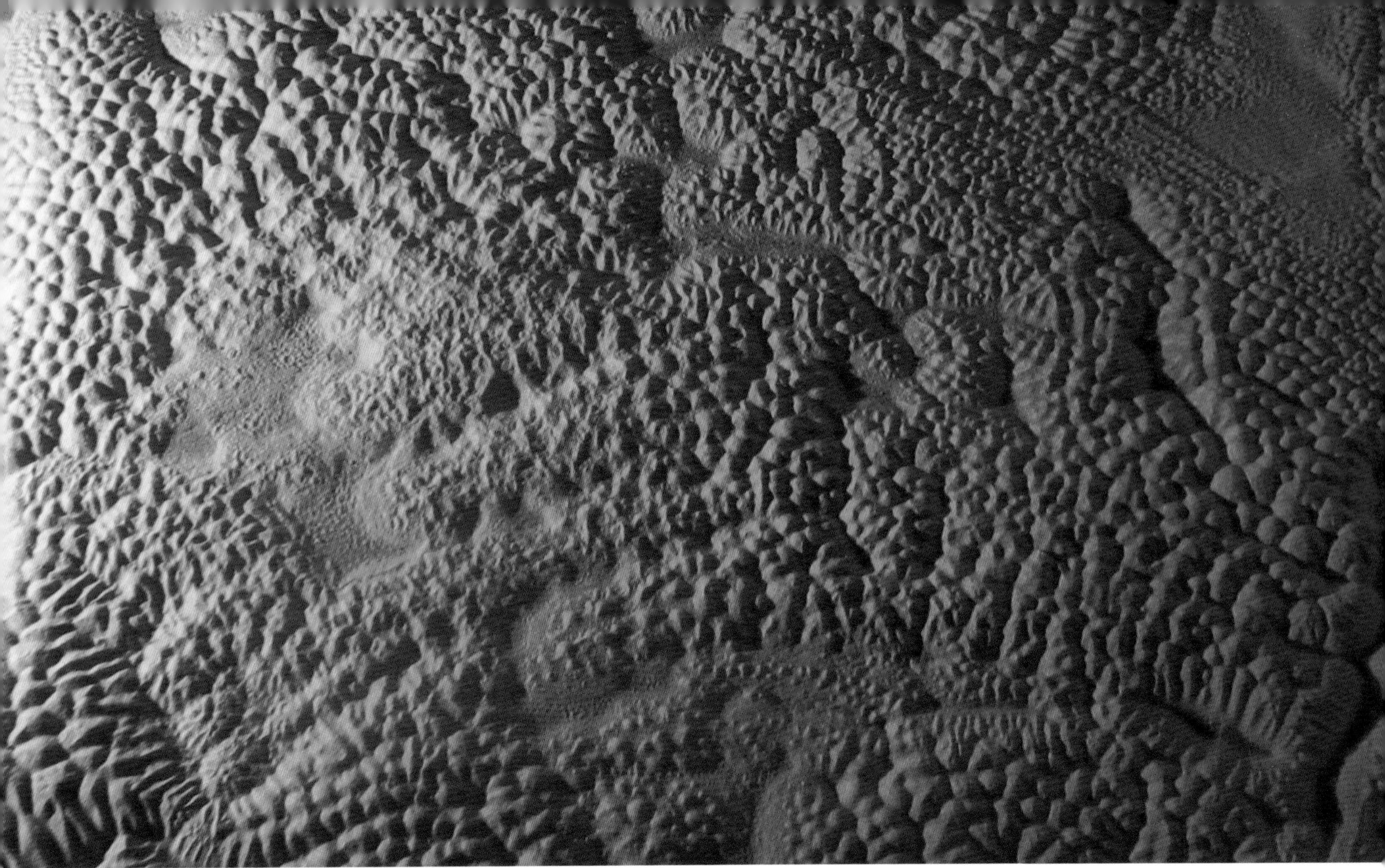

↑
实验 4
“火山效应”实验：将细沙摊开在一张平板上并持续震动，沙粒会随着震动，根据安息角来重新组织，并形成形态丰富的沙丘。

沙造景观

对于干沙来说，相对稳定的沙堆坡度大约为 30°。这个安息角度能够对沙子间的平衡起到结构作用。比如，将干燥的细沙平摊在一个水平板上，用锤子敲击板面，使板持续震动，我们就会发现沙子能够神奇地以一种山峦起伏的面貌进行重新组织［实验 4］。很长一段时间里，这个现象都是现代物理学的谜题之一，研究者们并不明白这么复杂的形态究竟是如何被震动创造出来的。实际上，直接影响沙子重组的并不是震动，而是板上面那些由震动带来的空气运动。让我们通过仔细观察其中一个小沙丘，来了解这究竟是怎么发生的。在震动冲击的一瞬间，沙丘实际上被整体从板面震起，于是板与沙丘之间形成了一层气浪。当小沙丘再落回到板上的时候，这层气浪会被压迫，同时使这部分空气进入并穿透沙丘，而空气被挤压穿出沙丘的同时会带出沙粒，然后这些沙粒又会落回在沙丘的斜坡上，这样的重复会逐渐让斜坡到达其安息角。这个过程中，处于沙丘顶部的沙粒最容易被弹出，而旁边的沙粒因被它上方的重量所压，反而不太移动。随着平板的不断震动，沙丘内部的沙粒产生了一种对流运动，使沙粒从边缘被移动到中心，然后从沙丘顶部被排出：这一现象被称为“火山效应”。最终沙丘便呈现出复杂的起伏形态。很多自然界的美景也可能与这一现象有关，尤其那些复杂的山谷与河床网络［实验 5］。

←↖↑
这是经过“火山效应”实验而得到的三种不同的沙丘面貌。这一实验甚至能无限更新，呈现的结果将十分丰富，永远都会有不同。它们的共同点是沙丘表面的数学规律，或者说一致的坡面角度，这意味着坡面总会以某种确切的角度与水平面相交。

↑
是沙丘的安息角在结构上塑造了沙漠中那些悠长的曲线，以及复杂的倾斜表面。

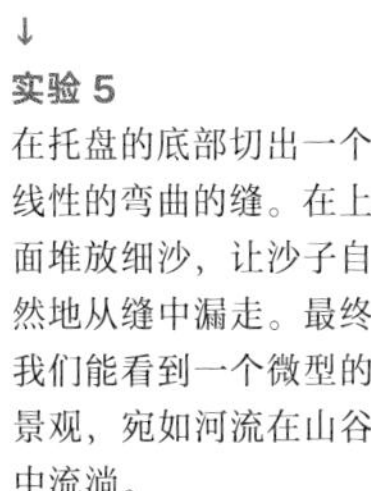

↓
实验 5
在托盘的底部切出一个线性的弯曲的缝。在上面堆放细沙，让沙子自然地从缝中漏走。最终我们能看到一个微型的景观，宛如河流在山谷中流淌。

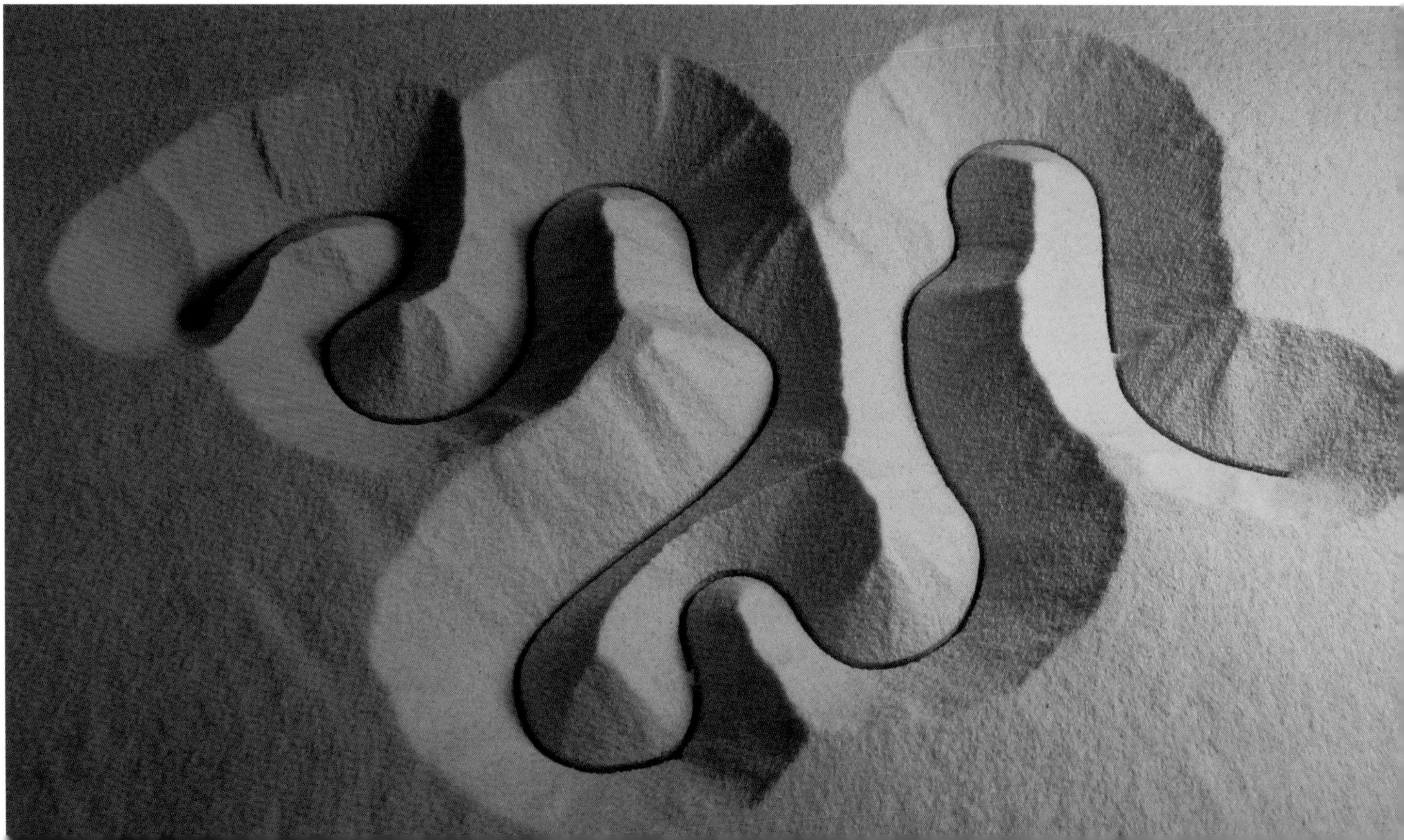

无法混合的颗粒

在实际施工中，大小不同的颗粒物必须充分混合，才能使土具有出色的材料属性。然而，一旦混合开始，这些颗粒就会按照其自身尺寸的大小各自分开。这种“颗粒分离”与摩擦力有关，摩擦力会使不同大小的颗粒产生不同的“崩塌角”。让我们熟悉一下这些现象，以便更有效地避免它们的发生。

←
实验 1
这个分格实验托盘里放置了粒径从大到小的白砂颗粒（从左到右）。当我们把托盘逐渐倾斜，左侧粒径最大的白砂先开始滑落，一格接着一格向右，到细砂结束。随着颗粒尺寸的减小，崩塌角逐步增大。

为什么一辆装满土的卡车将土倾倒于地面时，大的土块总是滚到土堆的底部，而小的颗粒总是在上部？这并不是一个无关紧要的问题。我们在前文中已经知道，土材料的机械强度取决于石块、砾石、砂粒、粉粒和黏粒各自的占比。如果颗粒按照尺寸自动分类，那最终形成的材料会因为局部含有过多的砾石或石块而变得脆弱易碎，相反，含有过多的黏粒则容易开裂。那么这种颗粒分离现象的原因是什么呢？

崩塌角的不同

颗粒体积大小不同产生的崩塌角也不同：颗粒越小崩塌角越大［实验 1］。为了理解这个现象，我们可以在微观的尺度来观察。当颗粒物处在倾斜的托盘上时，颗粒物与托盘粗糙表面产生的摩擦力会阻碍颗粒下滑。随着颗粒物尺寸的减小，摩擦力会越来越大：对于粗砂，托盘表面如同一条稍有颠簸的路面；而对于中砂，同样的托盘表面则更像一条密布着障碍物的通道；然而对于更小的颗粒来说，托盘表面很微小的起伏就会成为几乎无法逾越的障碍，托盘需要非常倾斜才能使它们运动起来，这就是为什么它们的崩塌角更大。因此，当它们被倒在一个倾斜的表面上时，碎石和砾石会比粉粒或黏土粉末更容易滚到底部。

圣诞树实验

然而，在卡车把土倒在地面的例子里，颗粒物并不是被倒在斜坡上，而是一个水平的面上。这时土堆表面的坡度，会随着颗粒物尺寸大小的变化而变化。如果颗粒物大，它们向边缘跌落；如果颗粒小，它们则会较多地停留在土堆中部。用一种比土简单的材料，我们可以更清晰地观察这一现象。将白色砂粒和棕色粉粒的混合物倒入一个扁平的透明容器里。从断面看［实验 2，右图，下页］，棕色的粉粒聚集在砂堆中部，而较大的白砂颗粒会滚到两侧。随着小堆逐渐增高，崩塌和分离也一次次发生，规律循环的崩塌创造出一系列粗细相间的条痕，构成了一个类似圣诞树的图案。对于细小的棕色粉粒来说，此时的边坡有着粗糙的表面，布满凹凸起伏的障碍，很难逾越。所以棕色粉粒总停留在坡的顶端，从不滚向坡底。

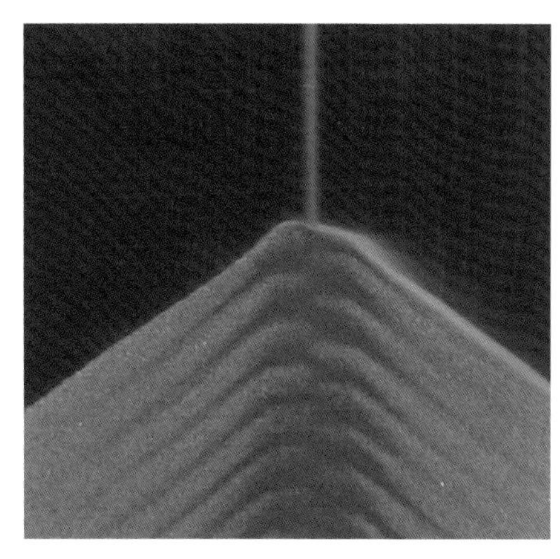

混凝土搅拌机

也因为这个原因，不同粒径的颗粒物，比如砾石、砂和水泥粉末在干燥状态下被放进混凝土搅拌机进行初拌时，会根据体积自行分类，而不是混合在一起［实验 3，下图，下页］。为了避免这个现象，在混合的时候得加入少量的水，水会把它们黏合在一起，防止它们自行分离。同样，混凝土搅拌机内的叶片也是为了使混合过程更加均匀。

震动产生的分离

将不同粒径的干燥颗粒混合后倒在板上进行震动，它们也会因粒径的差异产生分离［实验 4，上图，下页］。同样的原因，流体混凝土持续震动的话就很容易在内部产生分离。在施工现场，土或混凝土在被使用的过程中，都在以不同方式进行运动，从翻斗卡车或者各种传送带上被倒出，在搅拌机里被混合、震动等等。这些情况都会导致颗粒分离，从而降低材料性能，因此我们得找到些方法来避免它们发生！

土堆里的分离

土是不同大小的颗粒物的混合体，它自然会受到颗粒分离现象的影响。在土堆的表面［侧图］，那些最大的颗粒总是分布在土堆底部（沿着圆锥体边缘），而细的颗粒则集中在顶端（同时也在土堆中部）。

水中的分离

黏粒和粉粒是土壤里最细小的成分，因为非常小，它们无法被筛网分离。在工地或实验室里，它们的分离得通过沉淀来完成，用来判断黏粒的含量。方法是将它们的混合物完全倒入水中，粒径更大的粉粒在重力作用下会迅速下沉。而黏粒因为质量很小，表面也不平整，并受泥水摩擦的限制，所以沉淀速度非常缓慢，以至于长时间处于悬浮状态。直到最后，黏粒才会沉淀并停留在粉粒部分的上方。

颗粒的分离

←

实验 2

将棕色粉粒和白色砂粒混合后装在一个穿孔杯里，使其漏入一个透明框架中，两种颗粒会逐渐分开：大的白砂颗粒位于两旁，而棕色粉粒颗粒则位于中间。最终出现的分层的样子就像一棵圣诞树。

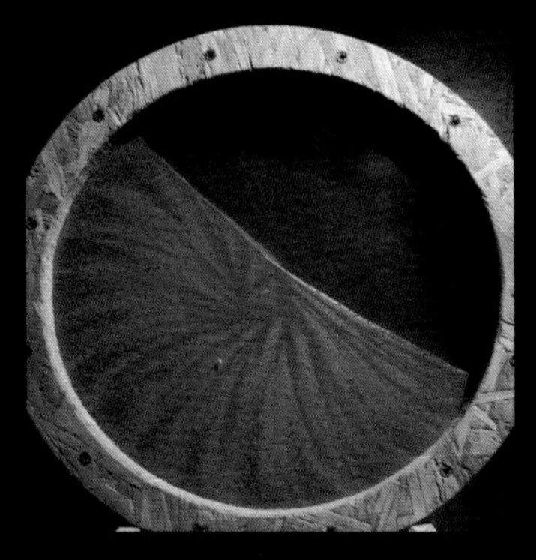

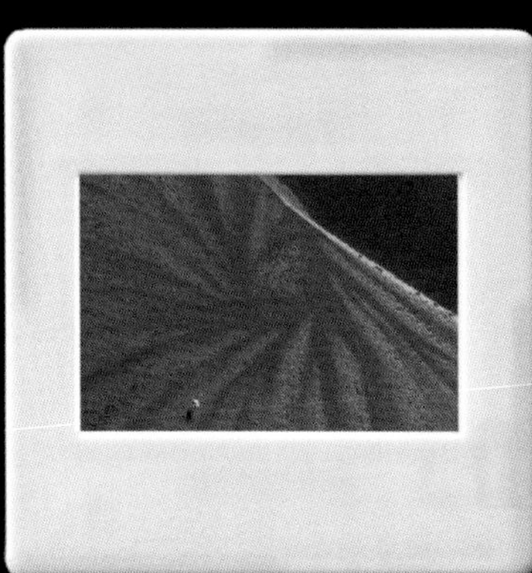

←

实验 3

不断地旋转这个透明的圆盘，里面三种不同大小颗粒的混合物会根据其自身尺寸的大小自动分离，形成一个多角星的图案。

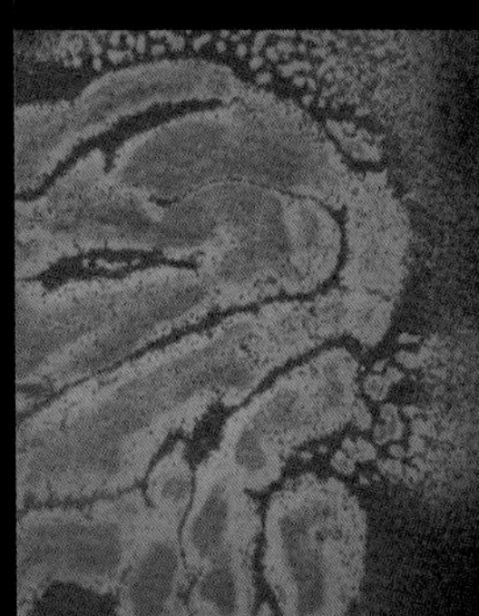

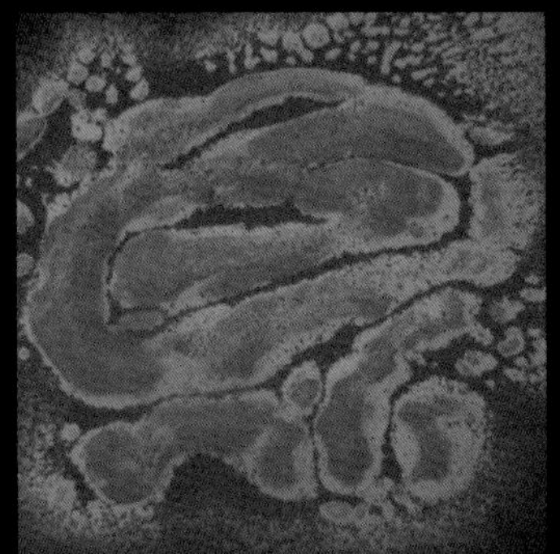

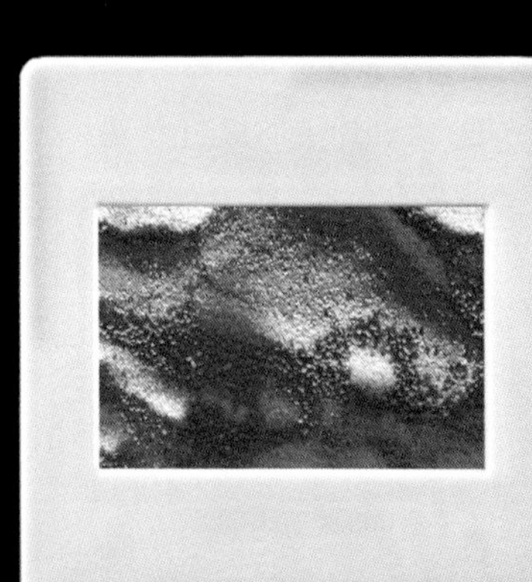

←

实验 4

不同大小颗粒的混合物受到震动后同样会产生分离。最细的颗粒（灰色）对“火山效应”最敏感[p.120]，会聚集在中间；而那些大的颗粒（棕色）则摊开在平板上，对空气流动很不敏感。

技术

颗粒物的自然分拣

颗粒物的分离现象并不是只依靠人类活动才能发生。在地质变化的时间尺度上，大自然一直在不断移动着石块、砾石、砂粒、粉粒和黏粒等颗粒物。自然能够或多或少地把颗粒物进行分拣，并按照尺寸大小来归类，这使土壤中的颗粒物呈现出丰富的多样性。冰川、水流和风是运输这些颗粒的主要载体，让我们随着这几种载体来看看自然界的分离现象。

冰川

冰川对颗粒物的搬运过程比较缓慢，对颗粒也并不充分选择。它们主要以沉积物呈现，被称为冰碛。沉积物中的颗粒大小各异，能涵盖从黏粒到各种粒径的砂石，甚至直径数米的大块。这是一种分散的、粗放式的混杂沉淀。因为这种冰碛土壤颗粒物的粒径范围非常宽泛，相互比例也无规律可言，所以除非被筛分，否则这些含有大石块的土并不适合成为制作诸如土坯砖、草泥团、抹面或压制土砖的原材料。但特别的是，这样的混合土壤却很适合作夯筑的原料，它是已经混合好了的自然混凝土料！在法国，这种土壤大量分布在阿尔卑斯山附近，比如在多菲内地区的传统民居，大都以这种土为原料夯筑而成。

水流

在水流运动的过程中，颗粒物的分拣结果取决于自身的大小和水流的强弱。岩石和砾石会停留在河床的底部，而细小的砂粒、粉粒和黏粒则会被不断地长途运输。这种方式的颗粒物分离会在大的河流边产生很多淤泥，同时会减缓水的流速。淤泥内混合有砂粒、粉粒和黏粒，很适合用来制作土坯砖。比如在尼罗河、约旦河、幼发拉底河与底格里斯河四河交汇的区域，诞生了最早期的一批城市，这种冲积平原不仅提供了农业发展所需的肥沃土壤，更为美索不达米亚文明的建造提供了大量优质的生土砖原材料。

风

风是这几种运输载体中最挑剔的，因为它只会携带最小的那部分颗粒。风不仅能将细小的颗粒带得很高很远，而且运输量也非常可观，每年从撒哈拉沙漠吹进大西洋的沙子大约有 2.5 亿吨。在干旱或沙漠地区，风是自然景观的创造者：当它吹过地表，最细小的颗粒会随之被吹起带走，留下的是多石的戈壁滩。相反，在那些沙粒停留沉积的地方，就会产生很多的沙丘而形成沙漠。这就是沙漠里的沙子非常细小而且十分均匀的原因。这些沙粒几乎完全由石英颗粒构成，是最能抵抗风蚀的矿物之一。在猛烈的沙暴中，那些细小的颗粒甚至能被带入大气层，移动超过数千公里，最后随着降雨重返地面。这些被风运输的

↑
这些冰川就像巨大的冰舌，缓慢地刮动着岩石层，并带走途经的所有东西。（图为阿拉斯加）

↑
科罗拉多大峡谷棕色的河水中沉淀有大量的粉粒与黏粒。

↑
这种令人印象深刻的沙暴由大量的沙粒构成，它们以气体中分子运动的方式相互碰撞，颗粒的形状会因此越来越接近球形。

↓
风是颗粒物主要的运输载体，能把它们送到很高很远的地方。这是卫星拍下的沙尘暴图像，风正把撒哈拉沙漠中的细沙带往塞浦路斯岛。

细小颗粒在地质学上被称为黄土，其沉积物能够覆盖几百平方公里的区域，大约占陆地表面的十分之一。尤其在中国的西北地区，部分沉积的黄土层厚度超过 300 米。在美国和欧洲的北部也有不少黄土沉积层存在。这是因为在第四纪冰川期与间冰期，当巨大岩石层与冰碛暴露在风的作用下时，尘埃部分被大面积吹散，这些尘埃最终形成了黄土的沉积层。法国北部也有这样的黄土，人们会在其中掺些麦草来减少其在建造中产生的裂缝，它也常被用作木骨泥墙构造中的填充物。

颗粒的推力

当颗粒物聚集在一起的时候，力会以一种特殊的方式分布：它通过颗粒间的接触与摩擦传递，从而组成一个力链网络。有些时候，一些相互接触的颗粒在力的作用下会形成拱状空隙。针对这一现象，为了不使材料密实度随之降低，就有必要对其施加一定的压力。明白了这个道理，我们就能制作出一个超级结实的小沙墩儿。同样，也能造出一面好的夯土墙。

↓
实验 1
在一个扁平的沙漏框中，小玻璃球在下落的过程中会卡在洞口上方，形成一个拱。

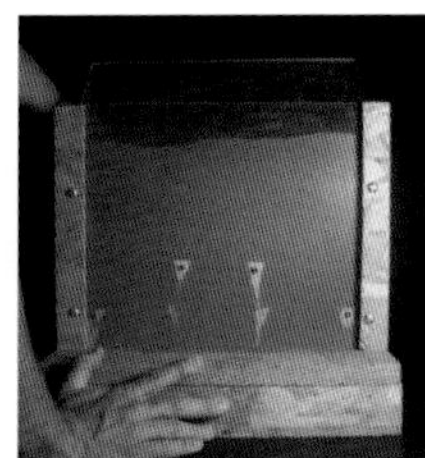

颗粒构成的拱

在一个透明的扁平盒子中倒入大量小玻璃球，能看到它们之间容易形成拱状的空隙，尤其在开口的上方 [实验 1]。在生土或混凝土材料的内部，这种拱是有害的，它形成的空隙越多，就意味着材料的密实度越低。并且颗粒物表面越粗糙或棱角越多，形成的拱的数量就越多，拱也更坚固。这就是为什么混凝土骨料中的石子和砂粒形状越圆滑，混凝土也就越密实坚固。同样的道理，如果土墙中的骨料形状更圆滑，土墙就更容易被夯实。

←
实验 2
在一个透明的框架中填满红色粉末，框架的底部设置一个有活动门的舱斗。当活动门被打开时，粉末纷纷塌落，并在几个拱脚隔档之间形成拱形空洞，类似于教堂中常见的尖拱。拱上部粉末颗粒的重量沿着拱的形状被传递到两侧的拱脚。

↑
实验 3
将一个两端开口的玻璃管固定在秤的上方，注意留一段微小的缝隙，不要让它接触到秤的托盘。逐次地向管内倒入沙子，并观察重量的变化。很快我们就发现，当沙子被添加到一定量时，秤的重量指针好像被卡住了，不再随着沙子的增加而变化。这是因为颗粒间所形成的拱将沙子的重量推向了管的内壁，所以沙的重量被分散，一部分为管壁所承担，另一部分传到了秤盘上。

←
时间能够改变石子的面貌，一般表面越光滑的石子年代越久远。

圆形骨料的优势

对于用土建造来说，我们应该优先考虑使用形状比较圆滑的砂石骨料。有棱角的骨料容易在材料内部产生很多结实的拱状空隙从而影响密实度。砂石颗粒的形状是由其经历的地质变化所决定的，在被冰川、风和水流移动的过程中，砂石颗粒相互摩擦，棱角慢慢消失，比如河中的卵石。各种冰川沉积和风成沉积的砂石都是很好的建造材料，与土混合而成的夯土料也很容易被夯实，哪怕是塑性土状态，材料内部产生的空隙也会少很多。这个逻辑同样适用于混凝土。

“冻结”

在教堂中，弧形拱承受顶部重量的关键在于将重力连续地传递至相邻的拱形单元，以便将垂直方向的力分散至侧向的各个支柱上，也就是说重力被推向了侧面。一般来说，很多土体内部的阻抗现象都是由这种“拱效应”造成的。有意思的是，假如在某种条件下对沙子称重，这种效应可能会使结果失准。比如我们将一个贯通的玻璃管固定在秤的上方，注意别让玻璃管接触到秤的托盘［实验 3］。通过量杯逐次地将沙子倒入管内，并随时记录重量的变化。当一个体积单位的沙子倒入后，显示的重量为 140 克。当倒入第二个体积单位的沙子后，显示重量为 160 克，而不是 280 克！从第三个体积单位的沙子倒入开始，秤的指针便神奇地几乎不再变化，直至用了 2 千克的沙子将玻璃管填满也还是如此，指针仿佛被冻结了一样。

这是因为在玻璃管内部，颗粒物相接触形成的力链在分布趋势上呈现为被推向管道

↑
圆形筒仓壁的设计应能承受谷物颗粒的水平作用力。

内壁的要多于垂直向下的。这就导致沙子有部分重量并没有传递到秤的托盘上，也就是说，因为摩擦力，管子的内壁承担了这部分沙子的重量。所以指针显示的重量只属于管子底部与托盘相接触的那部分沙子。而这部分沙子的高度甚至略小于管子的直径。

颗粒物与侧壁间的摩擦力在这一现象中扮演着重要的角色，同时它也会强化“拱效应”。比如储存谷物的筒仓设计，就得优先考虑水平推力的影响。但如果仓体内部是液体的话，水平推力就不那么重要了，因为压力会作用在液体内所有的方向和位置。假如夯土料内部以液体这种方式发生作用力，那所用的模板就得无比结实才行。而对于颗粒物来说，水平方向力的组成大致上受限于与筒仓直径相等高度的颗粒物重量，以及其上部小于直径高度范围内颗粒物堆积所施加的力。

另外还有一种易被观测的阻抗现象，也源于“拱效应”。在一个圆筒容器中心竖立一根木棒，再倒满干沙［实验 4］。当我们尝试将木棒拔出时，会发现非常困难，好像木棒被冻结在了筒中。这时的圆筒与木棒之间再次形成了一系列凹面向下的小拱，拱的两端通过干摩擦力被牢牢地固定在木棒的表面和圆筒的内壁。在自下向上拉木棒时这样的结构产生了强大的阻力，因为拉的过程会使拱产生额外的压缩而变得更加紧密。这表明了颗粒物特别能够抵抗不同种类的变形。

力的传导链

前面描述的拱形只是颗粒物间相接触所产生的整体受力网络中可见的那一部分。物质中的力量通过这个网络传播与分布，它们并不可见，但借助于一种叫作“光测弹性”的技术，我们就能将其可视化。将材料置于一束特殊的光（偏振光）中，“光

测弹性”会在材料被施加一个力时，使光色发生改变［实验 5］。参照这个结果，我们就能观测到颗粒间发生了什么。

“光测弹性”实验揭示了力链在一定程度上将垂直的力导向侧壁，想象一下这些颗粒是模板中的混凝土料，你就能明白为什么现浇混凝土时得用坚固的模板了：一部分混凝土的重量被传递在了模板上，也就是说，模板在水平方向受到推力。同样，在夯土施工时，垂直方向瞬间的夯击力也会被导向模板，所以模板必须有足够的强度来抵抗这些水平向的推力。该过程中，有部分的垂直夯击力在两侧消失，力链也就没有完全向下传递。这就是为什么夯土施工得逐层地操作。如果每层土太厚，夯击时压力到不了土层的底部，那么底部就无法密实。

←
实验 4
圆筒容器中央放置一根木棒，然后在木棒与筒壁之间填满干沙，再轻轻敲击圆筒的外壁，使沙充分填充。这之后木棒将无法被拔出，好像被圆筒锁住了。

→
实验 5
在两个偏振膜之间放置一组从光弹性材料中切割出的扁平颗粒。通过对颗粒施加垂直方向的压力，力链就能以光线和色彩的方式显现出来。

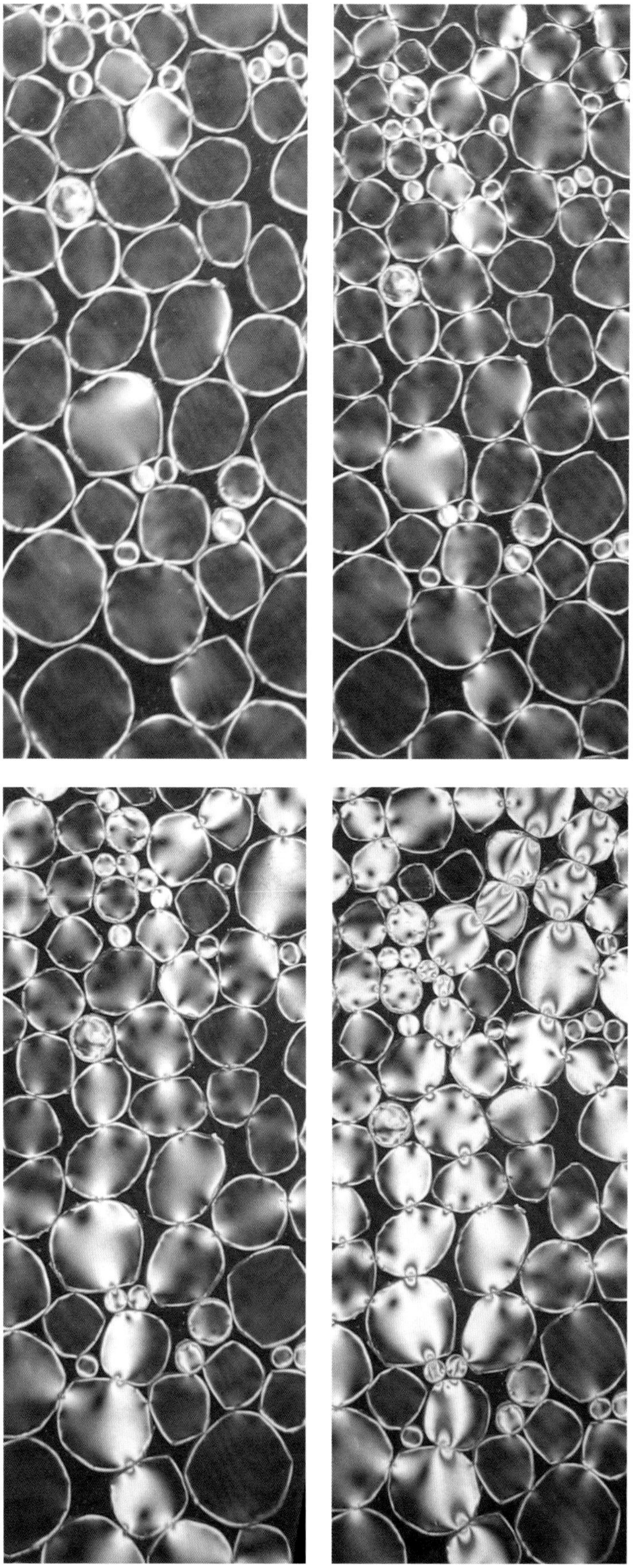

技术

夯与力链

在夯土墙的施工中，夯击会带来巨大的侧推力，因此模板必须足够坚固，才能抵抗住这种压力。

由于力链的存在，垂直的力会被导向边缘，所以夯击力的一部分会被侧面的模板吸收：这导致被夯的每层土下部的密实度永远不如上部。一层土如果太厚会导致无法夯实；如果很薄，拆模后会呈现为水平的细线。在下图中，每层土的上部十分密实，水分完全浸透，颜色也较下部更深；下部的密度则相对较低，并含有不少空气。

如何制作一个坚固的小沙墩儿？

为了获得一面好的夯土墙，让我们先从做好一个坚固的沙墩儿开始吧。怎么才能让沙墩儿承得住重压呢？窍门就在于捣实的每个沙层要适当地薄些。这样的小沙墩儿坚固程度大约是普通压实沙墩儿的六倍［实验 6］。这和夯筑土墙完全是同样的逻辑：夯的每层越薄，材料就越坚固。

↑↓

实验 6

首先［上图］，平底的不锈钢杯内一次性装满潮湿的沙子，用手压实。制成的沙墩儿在 500 克的重量下被压毁。然后我们再试一次［下图］，这次沙子逐渐添加，每放一点儿就捣实一次。最终制成的沙墩儿能承受 3 千克的重量而不被压毁。

技术

用沙建造

1

2

3

4

5

只用沙子，我们能建出一面真正的墙吗？很遗憾，答案是否定的。比如干沙，只能堆出 30°~35°的斜坡。要是加入水并且含水量合适的话，能够做出大约 1.5 米高的垂直墙体。但这样的墙几天后还是会随着水分的蒸发而倒塌。如果通过最低限度地在沙中加入些其他材料，而不用黏土或水泥作为黏结料，我们是否能建造出大型的建筑呢？

中国长城

这个问题也是千百年前的中国工匠在修建长城时所要解决的［图 1］。他们得穿越广袤的领土，建造长度超过数千公里的城墙。而将原材料从开采地送至每个施工现场是不可能的，必须想办法就地取材。这就是为什么在岩石上，长城就是石头造的；在土地上，长城就是土造的。但是在绵延几百公里的戈壁沙漠，能用的原材料只有沙子和石子的混合物，基本不含黏土：这些材料在黏结性上并不比干沙好多少。除了少数几种植物，比如芦苇的枝干，再没有其他什么能用的材料了。所以，为了建造出高达 5 米的城墙，唯一的解决办法就是将沙石混合料与树枝逐层叠加。树枝能够通过摩擦力抵消颗粒物水平方向的推力。这种简陋的基本构造方式，能够让构筑物实现一定的高度。在现存的部分长城遗址上，这种建造痕迹仍清晰可辨。

加筋生土

大约在 20 世纪 60 年代初，法国路桥工程师亨利·维达尔（Henri Vidal）改良并创造了一种后来在世界上广泛被采用的施工构造：加筋生土。在观察沙滩上的松树针叶时，他注意到有松针叠积的地方干沙堆的斜坡角度明显大于 30°。对于很多如高速路或铁路路基之类的工程，借助这一原理能将路基边坡从约 30°转变为近乎直角，从而使工程造价大幅降低。直到今天，世界各地用这种加筋生土方式施工的墙体面积每年都超过数百万平方米。在外观上，加筋生土墙和混凝土墙比较相似 [图 2]。图片上显示的墙面只是装饰性的混凝土砌块，其内部布置有金属的骨架 [图 3]。就像前文提到的没有使用黏结材料的干沙，这个墙身的主体材料也只是生土。也就是说，水平钢筋的使用能够有效地抵抗材料内部颗粒间的水平推力，从而实现垂直方向上的建造。

网箱

另一种常被用来实现墙体支撑的技术是使用网箱 [图 4]。网箱技术源自早期的军事工程，出现在 16 世纪左右，是在荆条编织的篮子中填满土与石块，以便快速建造炮台阵地的防御工事。今天，荆条已被金属材料所替代。

沙袋

在 20 世纪 80 年代，美国国家航空航天局（NASA）注册了一个专利，是关于人类未来殖民火星或者月球的房屋建造系统。它以纸板箱为砖来进行建造，箱内填充土、沙或其他粉状物，逻辑类似于一种超大土坯砖。墙体、拱或者穹顶部分也可以用填满土或沙的袋子建造 [图 5]。它的发明人是纳德尔·哈里里（Nader Khalili）。这个体系可以移动并重建，尤其适用于一些紧急的居住需求。

如何制作一个超级沙墩儿？

前面我们已经知道如何制作出一个坚固的小沙墩儿：只需用夯的方式，逐层将比较薄的沙层捣实。现在我们将实验再进一步，在每层沙之间放置一个小的金属网片。这样夯实后得到的沙墩儿坚不可摧，甚至能够轻易地承起一个人的重量 [实验 7] ！网片的作用是牢牢地牵制住颗粒间水平的推力。如果我们在夯土墙的土层或土坯砖墙水平向的土砖之间施以同样的做法，其强度会获得很大的提升。也门希巴姆古城中那些超高的土坯砖建筑就被认为在土砖墙的建造过程中规律地使用了芦苇作为加强筋。

↓ →
实验 7
在金属杯中将沙逐层捣实，每层间放置一个小金属网片，我们就能造出一个超级抗压的小沙墩儿，它甚至能够承受一个成年人的重量。

III 技术

一种填充土的木骨架墙体原型

几年前，在法国的伊泽尔省，大工作室（les Grands Ateliers）创造了一种新的轻质居住建筑原型，并将其搭建出来。建筑师是来自格勒诺布尔国立高等建筑学院的哈维·波特（Xavier Porte）。这是一种以土为填充物的木质构架系统。墙体由木条搭接而成，不使用胶，也没有用钉子和螺丝，只是自下而上一根搭着一根，所以搭建可以非常快捷地完成。中空的墙身骨架完成后，在内部填充干燥状态的土料。土颗粒间的摩擦力会不断地随着重量变化而显著提高，并传递至两侧的木骨架。骨架这时只是被摩擦力简单地“固定”在了一起［实验 8］，同时也限制着土颗粒的水平推力。

a

b

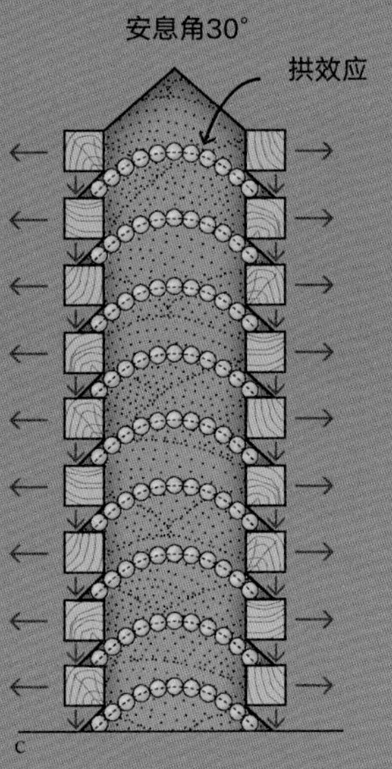

c

←
实验 8
(a) 在接近电子秤的上方，以小木条相互搭接成一个中空的柱体。
(b) 向中空的柱体内倒入少量的干沙，柱体根部被填满时，秤显示沙的重量为 76 克。继续倒入沙子直至柱子的顶部，这时秤显示沙子的重量只增加了 20 克左右：这表明土颗粒的一部分重量被传递到了周围的木条上。
(c) 木骨架被摩擦力固定（红色箭头），并同时牵制了水平的推力（棕色箭头）。

沙堡的物理知识

1997 年，著名的科学杂志《自然》发表了一篇严肃文章《是什么令沙堡不倒？》(What keeps sandcastles standing?)。一年后，又发表了对应的另一篇文章《沙堡是如何倒塌的？》(How sandcastles fall?)。今天，人们对湿颗粒的物理学研究比干颗粒的研究要落后很多，在这方面，我们还有待做更多的了解。

←
实验 1
在一个水深大约 1 厘米的浅盘里持续倒入干沙，会逐渐形成一种特别的"石笋"。水的介入使沙形成了一种垂直结构，这是毛细作用的结果，属于湿颗粒介质的物理学范畴。

在沙滩玩过沙子的小孩子都会知道干沙与湿沙的特征有所不同。因为水的存在，本来干燥的沙子颗粒间除了摩擦力外又出现了一种新的毛细作用力。这是沙堡能被建造起来的原因，它依靠液体表面张力所形成的水桥建立了颗粒之间的连接。

这些力并不是湿沙所特有的，它们也存在于土壤和混凝土中，并在其中扮演着重要角色。这两种材质的墙即使表面看上去很干燥，其内部也始终含有一定的水分。那么，这是否说明这两种材料的建筑也会与沙堡面临同样的问题呢？

←
与在空气中的形态类似，水珠在油中会以完美的球体来最小化自身的表面积。这是两种液体之间界面张力作用的结果。

→
实验 1
金属针漂浮在水的表面，犹如放在一层有弹性的膜上。使针没有下沉的力是水表面的张力，也叫毛细力。

↘
实验 2
在相接触的油和水之间，存在着界面张力，这可以和水与空气间的表面张力相比较。在玻璃杯中放入油和水两种液体，当我们将小棒插入杯中时，能看到两种液体间仿佛隔着一层有弹性的布。

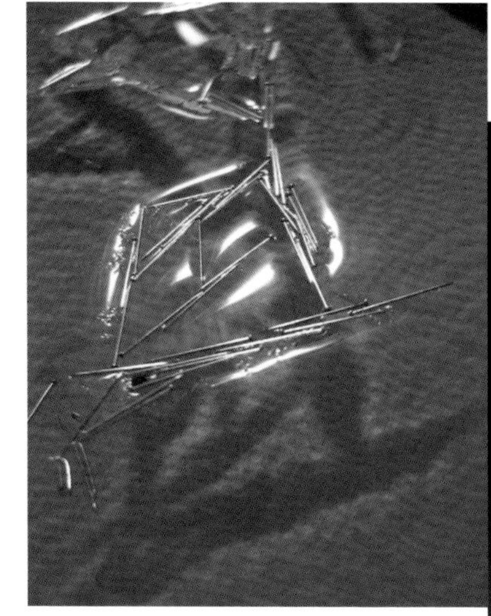

用来建造的水

液态的水普遍存在，它在我们日常生活和工业活动中的重要性不言而喻。在物质的三种相态中，液态比较容易被误解。因为提起液体的特征，我们脑中立即想到的便是流动性，但其实它还有很多其他特征，比如液体能够在两个表面间产生一种吸力：正是颗粒间这种“胶”似的吸力，才解释了沙堡或土墙内部发生的黏结。

水的表皮

暂时忘记水的流动性，仔细观察它的表面，我们会发现它能够呈现出一些惊人的几何形态，仿佛有着一层可以变形的皮肤。比如漂浮着针的水面［实验 1］。这个景象就像水面张拉着一层弹性的膜，它能以一定的张力来适应各种变形。这种“表面张力”也能使一些昆虫比如水蜘蛛能够自如地在水面行走。所有的液体都有这一特征，其强弱与其内聚能成正比：这是液体分子间“内部”相互吸引力强度的“外在”表达。

最小化表面积

这种表面张力也叫毛细力，源自液体内部的众多分子，如果它们与周围相邻的所有分子相互作用而产生吸引力，那么对它们来说，这是一种被相互包裹的“幸福”状态。但当它们只在液体表面时，相互连接的作用力则减少大半，成了一种“不幸”的状态。这也是为什么在一定的体积内，水总会尽量避免过多地接触空气，从而实现最小的表面积。比如说一滴雨水，实际上是个完美的球体，因为给定体积时，只有球体的表面积最小。如果我们通过改变液体的形态来增加其表面积，那么所需的能量与其被带到表面的分子数量成正比。因此，表面张力表示液体每增加一个单位面积所需的能量。为了更好地理解这一点，可以借助两种无法相容的液体——油和水［实验 2］：它们之间的界面具有相当明显的张力，像一层有弹性的薄膜，若想改变其形状，就必须施加额外的能量。

湿

再来看看水的另外一个特性：湿润！当然，这不言而喻，但这个说法并不系统。有些“疏水性”的固体表面在被湿润之前会将水推开［实验 3］。相反，能吸引水的表面被称为亲水表面。当一滴水滴在非常干净的玻璃上时，它会展开，因为玻璃是亲水的。通常情况下，水能很好地附着在矿物质表面，比如玻璃和砂，它们都是亲水的。

a

b

前文描述的表面张力只涉及两个相态（液态/气态，液态/液态）。而一旦与固体表面接触，“湿”这种情况就涉及三个相态：固态、液态与气态。所以除了液态与气态间的表面张力，我们还得考虑液态与固态、固态与气态间的相互作用力。换句话说，固体表面一滴水的形状，实际上是三种相态间表面应力相互作用的结果。

毛细现象

现在，我们以毛细现象来结束对水特性的介绍：当一个极细的玻璃管底部接触到液体时，液体会进入管子，并上升到一定高度［实验 4］。这是毛细现象最显著的表现之一。液体上升的高度取决于管子的直径：管径越细，高度就越高。玻璃亲水使水进入管子，并逐渐上升，这种向上的拉力会被水柱本身的重量所平衡。管径越宽，则水柱的体积就越大，质量也越大，毛细作用导致的上升也就没那么突出了。

c

↑
实验 3
(a) 花瓣表面的水滴，形状犹如珍珠般的球形：花瓣表面疏水，排斥水。(b) 在塑料表面上，水仍然能保持为球形但稍扁的水滴状：这种材料的疏水性较低。(c) 在玻璃表面，水滴已经非常扁平了：玻璃是亲水的。

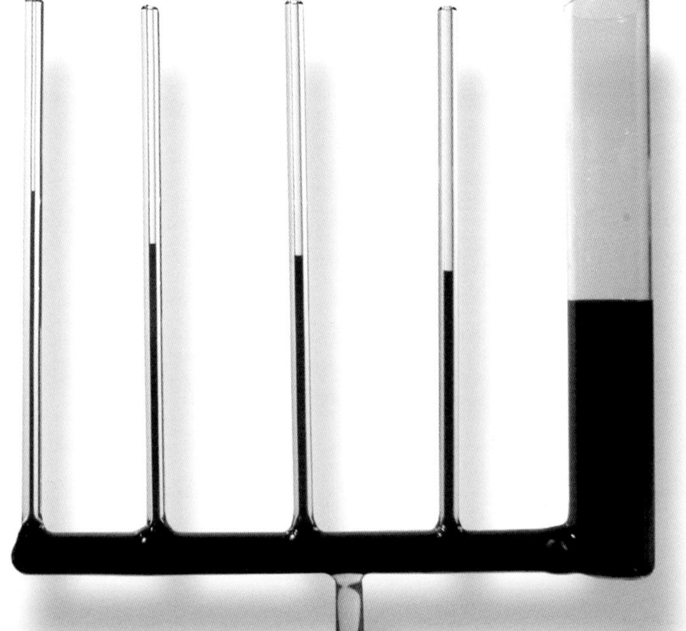

←
实验 4
玻璃管中的毛细现象：管径越细，水位就越高。

→
实验 5
毛细作用发生在两个玻璃板之间的一角，将两片玻璃右侧微微张开，左侧完全贴合。玻璃板之间水的边界形成一条几乎完美的数学曲线。

III 技术

穿鞋戴帽

→
土耳其卡帕多斯地区的侵蚀柱，坚固的岩石能够保护下面脆弱的沉积物不受雨水的侵害。"戴帽"对于土房子能够起到同样的作用。

如果没有正确地做好保护，水能够浸入土墙并使之倒塌。那么对于土房子，如何能保证它的持久呢？法国乡村有一句很简单的谚语：穿鞋戴帽！

↖
实验 6
毛细现象：盘中的水从下方浸入土块造成其底部的破坏。这个问题"穿鞋"预防就能解决。

←
如今土墙的建造常常通过掺入少量比例的石灰或水泥来控制其内部的水分，同时也能增加强度。这几面夯土墙建在一个双层的混凝土基础上（下面矩形的部分和上面土墙的延伸部位）。土墙下三分之一拌料中掺有石灰，所以看起来颜色比上面更浅一些。

→
在罗纳 - 阿尔卑斯地区的布雷斯，传统的土房子都有巨大的屋檐（戴帽），和以石头或烧结砖建造的基础（穿鞋）。

戴帽

建造土房子，头条原则就是要保护好墙头不受雨水侵害，戴一顶"好帽子"：这就是为什么传统的土房子都有不小的屋檐。在自然界中存在大量的侵蚀柱［对页］，就是很好的例子：柱顶的巨石可以保护土柱长时间不受侵蚀。

穿鞋

前面提到过，水可以顺着很细的管道上升。它也同样能够穿过土墙内部颗粒物间微小的间隙向上浸入，并通过这些间隙形成一个相互连接的空隙网络。土块在潮湿的地面上会吸收大量的水，就像被咖啡浸湿的方糖［实验 6］。所以土墙通常要建造在石头或混凝土基础上。如今在处理墙基和地基的时候，也常常会在土壤中掺入石灰或水泥。

沙堡内部靠什么黏结？

干沙没有任何黏性，是无法建造沙堡的。想塑形就得加水，水能提供一定的黏结力，使沙从分散的整体成为一个有凝聚力的物体。但水不是越多越好，其中存在一个最佳含水率的概念，也就是说，湿沙的黏结力较好。干沙在初加水时，黏结力会随着水量的增加而增加，水一旦饱和，黏结力就会很快消失。

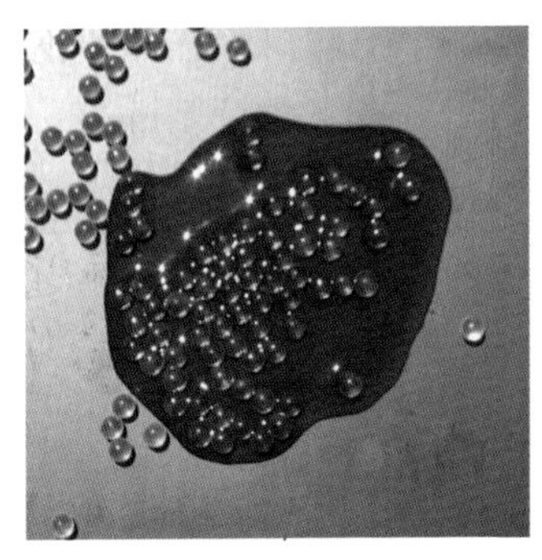

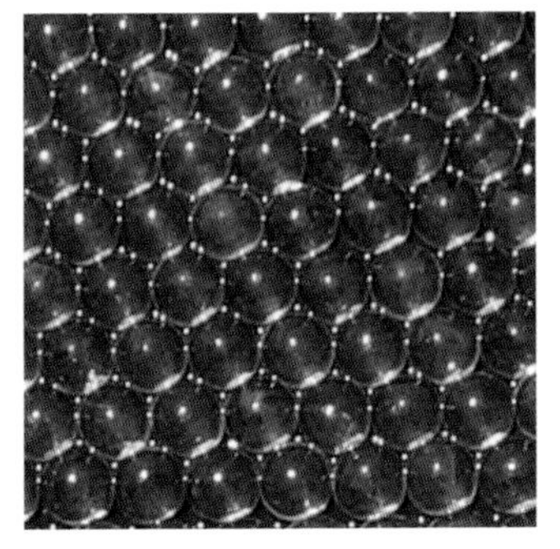

↖↖↑
实验 1
几十个干燥的小玻璃球被平铺在一个水平面上。加入少量的水并轻轻晃动平面，小球们会以一种六边形的结构紧密地自动组织在一起。

↑
实验 2
用干燥的小玻璃球搭建出一个金字塔结构是不可能的。想成功的话，窍门就在于滴几滴水。

用水建造

水和颗粒物是一对神奇的伙伴：只一滴水，就能使两个相距几毫米的干玻璃球像情侣一样相互吸引靠近。若是将大量的小球平铺在一个平面上，这个现象则更为壮观[实验 1]。给小球们加少量的水并晃动这个平面，小球们会自动地组织起来，紧凑地排布成整齐的蜂窝状。

沙粒和水则更加互补，沙子提供摩擦力，水提供黏结力，它们的组合会形成有凝聚力的固体。为了更有说服力，你可以试着用干燥的小球建造一个金字塔。我们会发现小球太滑，表面的摩擦力不够，完全叠加不起来。加点水后，你才能把它们建得更高。这正是毛细力与摩擦力组合的结果[实验 2]。

毛细桥

怎么解释黏结沙堡颗粒的力与将金属浮在水面的力是一样的呢？毛细力和表面张力又是什么关系呢？答案就在两个小玻璃球之间那滴水的特殊形态里：毛细桥[实验 3]。它和球体类似，自身也在争取着数学上的最小表面积。一方面，水像桥一样连接着两个玻璃球的表面，另一方面，水和空气接触的面积又得尽可能小。稍微分开两个小球，就像在拉扯一段有弹性的织物，水对小球施加了一种吸力，以尽量减少其表面的能量消耗。而在沙堡中，每个颗粒间的接触都存在着这样的小毛细桥。

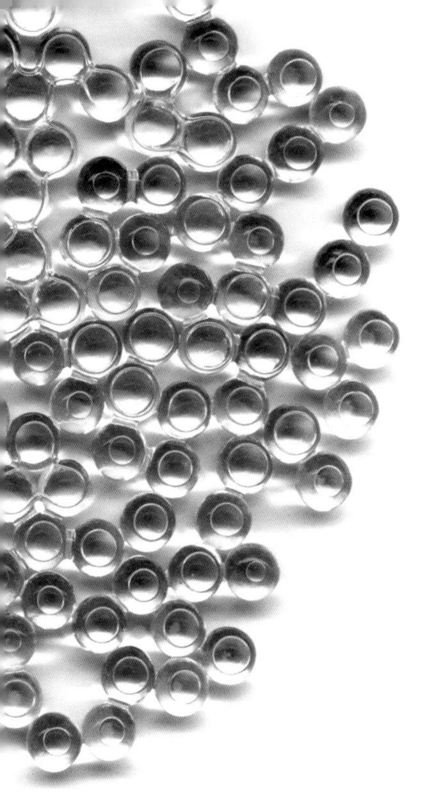

←↙→
实验 3
两个湿润表面间的毛细桥，会像球体一样，自我适配成数学上的最小表面。而将沙堡黏结起来的正是颗粒物间的这些毛细桥。

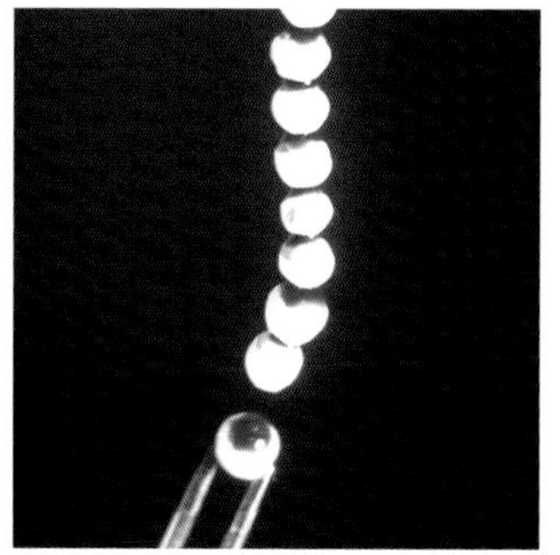

水是一种胶

总之，水是一种真正的胶！2毫米大小的聚苯乙烯颗粒只用极少量的水就可以轻松地黏结在一起［实验 4］，甚至可以一粒接着一粒只通过其间的水桥连接成项链。以同样的方式，我们也能制作出一个反向的悬链曲线［p.65］。

相反的世界

因为沙粒表面亲水，所以水能够粘住这些颗粒［实验 5］。可假如沙粒表面具有疏水性（经过化学处理），结果会怎样呢？一般对于普通的沙，水会自动渗入颗粒间的空隙。但具有疏水性的沙与水则无法混合，水会以水珠的形态停留在沙的表面，更不会浸湿沙子，也就谈不上用来建造了。

可是将疏水性的沙子倒入水中时，相对于普通沙的迅速分散，疏水性的沙子却能够在水中聚集成一个沙柱［实验 6］！沙子在水下也能黏结：也许这种沙子同样能用来建造。

用疏水性的沙子也能够制作小沙墩儿，只不过得在水里［实验 7］。这时的沙墩儿表面会带着光泽。沙粒将水尽力推开，导致在水和沙之间留有一层空气薄膜。也就是说，普通的亲水的沙子和疏水的沙子制成的沙墩儿，完全处在相反的两个世界。普通沙墩儿中的沙粒在空气中被一层水膜包裹，疏水沙墩儿的沙粒在水中被一层空气膜所包裹。而这两种情况的沙墩儿都能成立。

↖
实验 4
只靠水的毛细桥，聚苯乙烯小球就能连接组成一串项链。

↖↑
实验 5
水会渗入到普通(亲水)沙子中，但对于化学处理过的具备疏水性的沙子，水会以水珠的形态停留在沙子表面，而沙子还是干的。

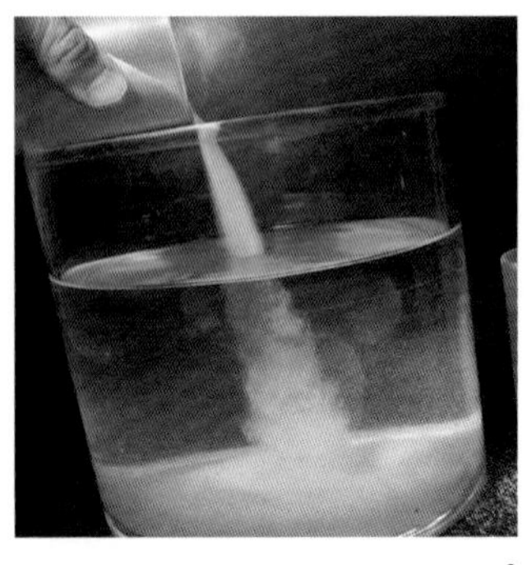

a

b

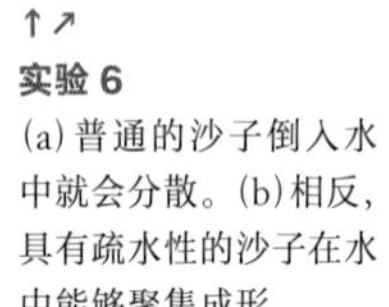

↑↗
实验 6
(a)普通的沙子倒入水中就会分散。(b)相反，具有疏水性的沙子在水中能够聚集成形。

↑↗
实验 7
湿润的沙墩儿在空气里看上去很普通，具有疏水性的沙墩儿放置在水里看起来就很特别。对物理学家来说，这只不过是两种很类似的情形，都是水与空气综合作用的结果。

毛细黏结力必须得三个相态共同作用：固态、液态和气态。潮湿的沙墩儿浸入水中就会分散［实验 8］，空气被排出的同时，毛细力也随之消失，因为这时只剩固态和液态了。同样地，疏水的沙墩儿从水中提出后也随即散开，它像水中的湿沙一样没有黏结力。

黏结力 = 固体 + 液体 + 气体

所以这么看来，前文的描述其实并不准确：只有水的话，它还算不上胶。颗粒物间得同时存在水和空气，才能保证具有黏结力。毛细桥只有借助空气和水的接触才有意义，没有空气也就没有表面张力。做一个结实的沙墩儿，重要的是不要加太多水，否则它会填满所有的空隙并挤走空气。所以得保持一个最佳的含水率，超过这个含水率，沙堡就会失去黏结力［实验 9］。

空气的进出

潮湿颗粒间的空气是沙堡黏结力的重要组成部分。以实验为例，通过震动底板将空气从非常潮湿的沙柱中排出，沙柱会逐渐液化，最终像饼一样摊开［实验 10］。这个过程中其表面会不断冒出小气泡，而所含的水会流向边缘，摊开的沙饼这时看起来很稀。但当手指插入时，它却立即显得干了不少，并再次具有黏结力，可以重塑一个新的沙柱。如何解释这一现象呢？震动的过程实际上使颗粒物的组合更加紧密了，它们之间的空隙越来越少，空气被挤出，黏结力也随之减弱。相反，手指的介入破坏了颗粒间这种紧密的连接，空气再次回来占据了这些空隙，沙子看上去变干了，但黏结力又得到了恢复。

↓↘
实验 8
要使颗粒物间的黏结成为可能，固体、液体和气体三个相态就必须同时具备。一个亲水的沙墩儿 (a) 浸入水中后就会分散开来 (b)。类似地，具有疏水性的沙墩儿 (c) 从水中提出后也会分散开来 (d)，失去黏结力。

a

b

c

d

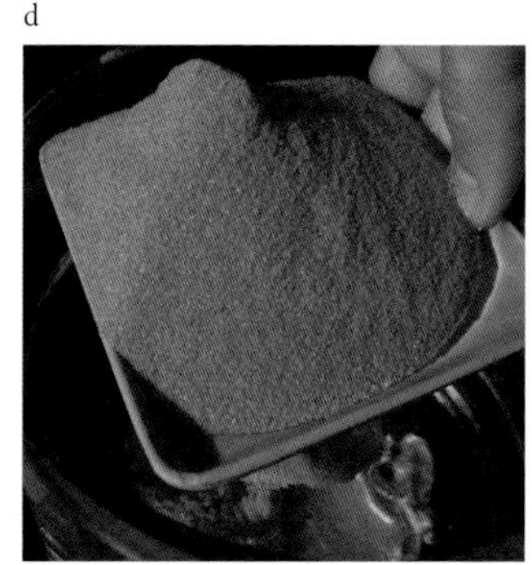

↑
实验 9
从干到湿，不同的含水率能够决定小沙柱可以做多高。将干沙逐渐加水，沙柱可以越做越高。直至其含水率超过临界，沙柱便开始失去黏结力，随之变低直到塌成饼状。

↓
实验 10
将细沙浸湿，使其具有一定的黏结力，做成小沙柱。持续震动底板，沙柱会逐渐液化，直至塌落成饼，表面被水完全覆盖。当你再次抓它的时候，它会立即变干并重新具有黏结力，从而能够重塑沙柱。

土墙内部靠什么黏结？

↓
实验 1
细沙压成的小沙墩儿(a)比粗沙压成的(b)要结实抗压得多。

a

黏粒是一种很特别的颗粒，扁平而且极细小。正是这个特征使之区别于其他构成土壤的颗粒物，从而具有很好的塑性和黏性。

土常被看作是一种由黏粒起黏结作用的混凝土。但实际上，真正黏结起土壤颗粒的是水。在水的帮助下，黏粒只不过是依靠体积非常细小且形状特殊的优势，将毛细作用大大加强了。

极其微小的扁平颗粒

黏粒是肉眼不可见的超小微粒，为一种页硅酸盐（phyllosilicate）的水合物。这个词的词根源自希腊词汇“phullon”，意思是“叶片状”。在电子显微镜下，它们通常呈现为薄片状，尺寸仅是微米级别。正是这两个特征（形状和大小）决定了黏粒超强的可塑性和黏性。

颗粒越小，水的黏力越大

细沙做成的沙墩儿比粗沙做成的沙墩儿要结实得多[实验 1]。为了理解其中的原因，我们可以想象一下：一定体积的细沙与同样体积的粗沙，细沙的颗粒数量相比粗沙要多得多，毛细作用力自然也要大很多。颗粒的尺寸越小，其间的毛细作用力就越大。而黏粒薄片的尺寸要比沙粒小上千倍，试想一下，这种毛细作用力会有多么大！

两个平面之间，黏结力会更好

对于黏粒来说，若是毛细作用发生在平面与平面之间，那它们的黏结力会得到更大的加强：这种作用力在扁平的物体间比块状的物体间要明显得多。比如仅靠水汽，两片玻璃就可以轻易地粘在一起[实验 2]。

当然，将黏粒薄片与玻璃片进行类比有些过于简单了，因为黏粒薄片通常是成组地

→
实验 2
只要一点水汽，小玻璃板们就能黏结在一起。实际上，毛细作用力在平面物体之间比在块状物体之间更加明显，因为接触面要大得多。不沿着其表面滑动的话，我们没法分开这些玻璃板。

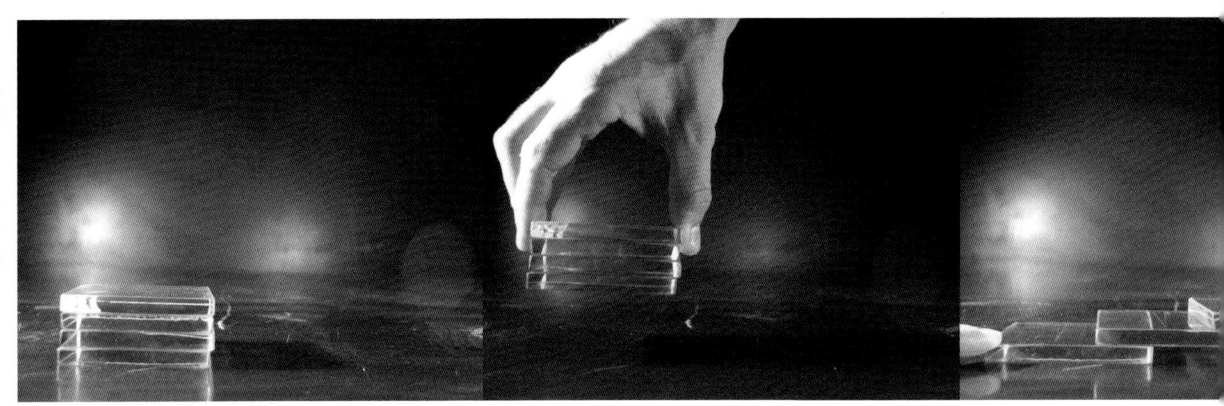

b

堆叠在一起，分布杂乱无序。这种堆叠方式使每组之间角的接触远多于面的接触，所以接触部分的面积并不大，面接触的情况大约只占 1%。

↓
电子显微镜下的黏粒（薄片）。

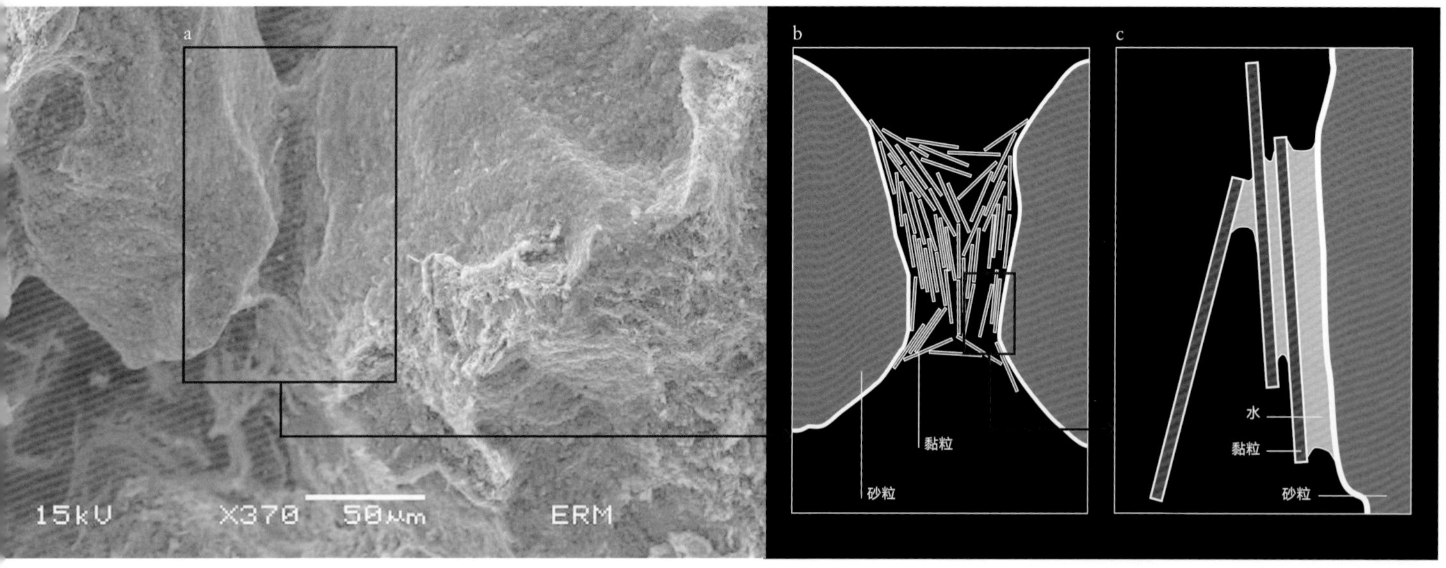

↑
(a)在电子显微镜下，连接两个砂粒的黏土桥。在(b)和(c)中，黏土桥由黏粒（长大约2微米）构成，连接这些黏粒的则是毛细作用产生的“水桥”（厚大约2纳米）。所以真正黏结了土的物质是水。

真正黏结土的是水

那么如何描述黏粒在这种作用中所扮演的角色呢？上面的图片展示了一座连接在两个砂粒间的“黏粒桥”。这是在材料制备过程中颗粒间形成泥浆弯月面的微观景象。我们观察到这座黏粒桥实际上是由很多黏粒通过毛细作用产生的水桥连接构成的。所以，最终是水真正地黏结了土中这些大小不同的微粒，其中起关键作用的是毛细作用力所产生的水桥，而黏粒超小的体积和特殊的形状又大大强化了这种作用力。

空气的湿度

既然同样是水在土内部起黏结作用，那为什么土墙不像沙堡一样，干燥之后会倒塌呢？因为在沙子颗粒之间，毛细作用会随着水的蒸发而消失，黏结力也随之消失。但黏粒之间的水桥完全不一样。这里的水永远无法完全蒸发，相反，空气里的水分却能够在这里聚集，构成只有几纳米大小的毛细水桥，同时在黏粒表面包裹一层由更小的水分子组成的薄膜。在环境稍微湿润的时候，大量的矿物质能自动地围绕到这层薄膜周围：这是吸附现象。这个由两三层水分子组成的薄膜厚度不到1纳米，相对湿度在10%~80%之间。所以空气本身的湿度就足够保证黏粒间的黏结。因此，土墙是永远不可能完全干燥的：那些黏粒之间永远会存有一些水分，以便和空气中的水蒸气保持平衡！

←
实验3
“干燥”的黏土破碎成或大或小的若干块，而不是粉末，正是因为空气中的水分足以使其内部微小的黏粒薄片黏结在一起。

技术

生土墙：新一代的空调

相变材料（MCP）

土即便在非常干燥的状态下，其中也会含有相当数量的液态水，它能时刻与空气中的水汽保持平衡。所以土墙也是一种自然的空调。为了理解这一点，我们可以将土墙与新型的相变材料（matériaux à changement de phase）进行比较。

相变材料是建材领域的一个革新，其特点是可以随着周围温度的变化而发生物理状态的改变。就像冰在 0℃的时候可以变成水［下图］，而我们知道，这个固相与液相互相转化的过程也伴随着对空气中热量的释放与吸收。相变材料的开发主要就是基于这一物理原理。

这种材料一般以石蜡微球的形式被封闭在聚合物中，掺入诸如石膏板、抹面材料、加气混凝土、夹芯板等材料中使用。它与水的主要区别在于其相变的温度在19℃~27℃之间。当空气中的温度达到这一数值，蜡就会融化并吸收房间中的热量。当温度低于这个范围时，蜡又重新凝固并归还这些热量。只要能实现3℃~5℃的气温变化，这种调节就能带来舒适的体验，从而节省空调的费用。

土，一种天然的相变材料

土材料最主要的优点之一就是能为使用者带来气候上的舒适性，这是因为土是一种天然的相变材料。但蜡的存在对于土来说，并没有太大作用，因为土中已经有一种可以随温度而变化的相变物质——水！水的相变是在 0℃结冰，100℃沸腾，但这个规律并不适用于黏粒间毛细水桥纳米级的尺度。在这一尺度下，土墙里的水会始终与空气中的湿度保持平衡，当外部温度升高时，内部水就开始蒸发。相反地，当温度下降，毛细部分的水又会凝结。也就是说，土中的纳米结构能够使水在常温状态下就发生相变。随着温度的升高，土墙中的水会通过蒸发来吸收房间里的热量；当温度下降时，空气中的一部分水又能凝结在土中，并释放之前聚集的那些热量。土利用水相态的变化就能实现能量交换这一规律，使其成为一种清洁的、可再生的、舒适的空调设备！相比于石蜡的融化与凝固，水的蒸发与冷凝所产生的能量交换要多得多：1 升水变为水蒸气所能交换的能量相当于 22 千克的石蜡。然而，要使这个过程能够有效地发挥作用，我们必须加快土墙内外空气中水蒸气的交换。凝结和蒸发都需要尽可能多的毛细孔和更大孔径的毛细网络来连接土墙内外。这可以借助土与其他自然材料的结合来实现，但烧结砖和混凝土目前还做不到这一点。对未来而言，这是一个严峻挑战。

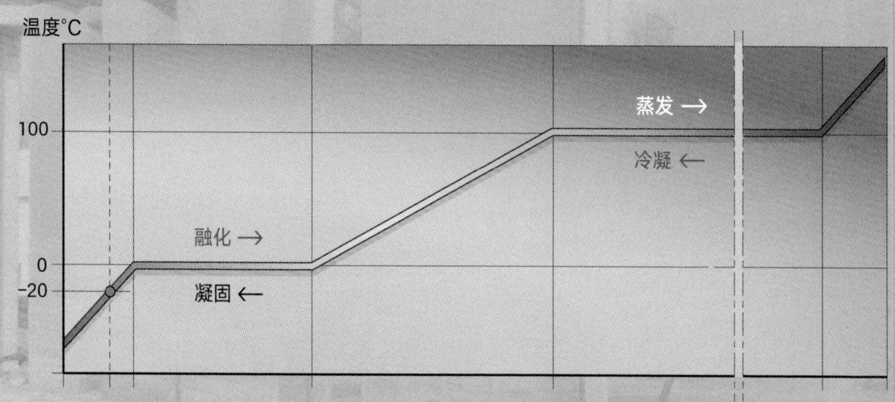

将一块 -20℃的冰加热，使其温度持续上升至 0℃。然后保持这一温度，冰开始融化，只要冰没有完全变成水，温度这时都不会变化。当冰完全融化，再升温至 100℃，水开始沸腾，并变成水蒸气，这时温度不再变化，直到所有的水最后都转化为了蒸气。也就是说，所有相变都伴随着热量的交换。这就是相变材料的基本原理。

将几种土样过筛研磨后只留下最细的黏粒部分，把它们分别与水混合均匀，能得到不同颜色和质地的黏土泥浆，它们体现了黏粒的多样性。

黏土泥浆的物理与化学知识

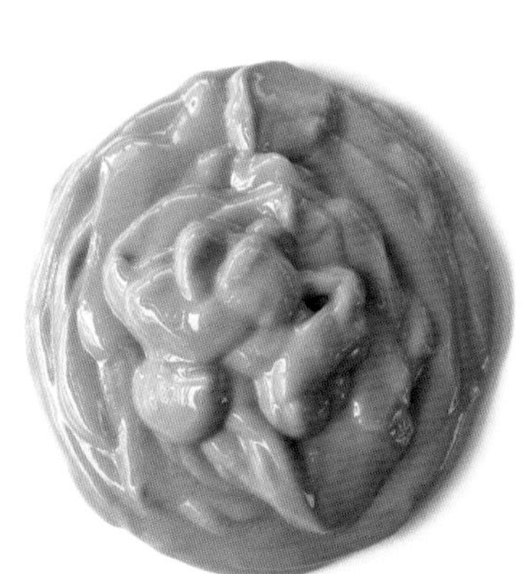

土是一种如此有趣的建筑材料，部分原因在于水强化了黏土微粒间的相互作用，从而提高了其自然黏结力。与我们通常的印象不同，土墙其实是无法完全干燥的，因为在黏土的微粒之间一直有水的存在。这些水无法彻底蒸发，会与周围空气中的水蒸气保持平衡。在这种平衡状态下，土墙有大约 2% 的湿度，这相当于一面 40 厘米厚的夯土墙每平方米内含有 15 升水。没有这些水，土墙是无法建成的。

对于沙堡来说，水和空气必须同时作用于颗粒物之间，其内部黏结力才能实现。但这种情况对于我们理解土材料的塑性、黏稠或流体这三种含水状态却没有太大帮助。因为这三种状态中，空气并没有参与——也就是说没有毛细作用力。接下来，借助一些黏土泥浆的物理化学知识，我们能更好地描述和理解土这种材料。

黏土的微层结构

→
这些黏粒边缘厚度不一，形状也或多或少不太规则。

不同的黏粒家族其属性也非常不同，但它们有一个共同的特征：在电子显微镜下呈现为极细小的层状结构，层的厚度只相当于几个原子。这些微小的层以不同的形式聚集在一起，构成了黏粒多样的形态与结构。对于建造者来说，这种多样性意味着不同的材料属性。所以黏土这个词指代的是一个庞大且复杂多样的微观矿物世界。

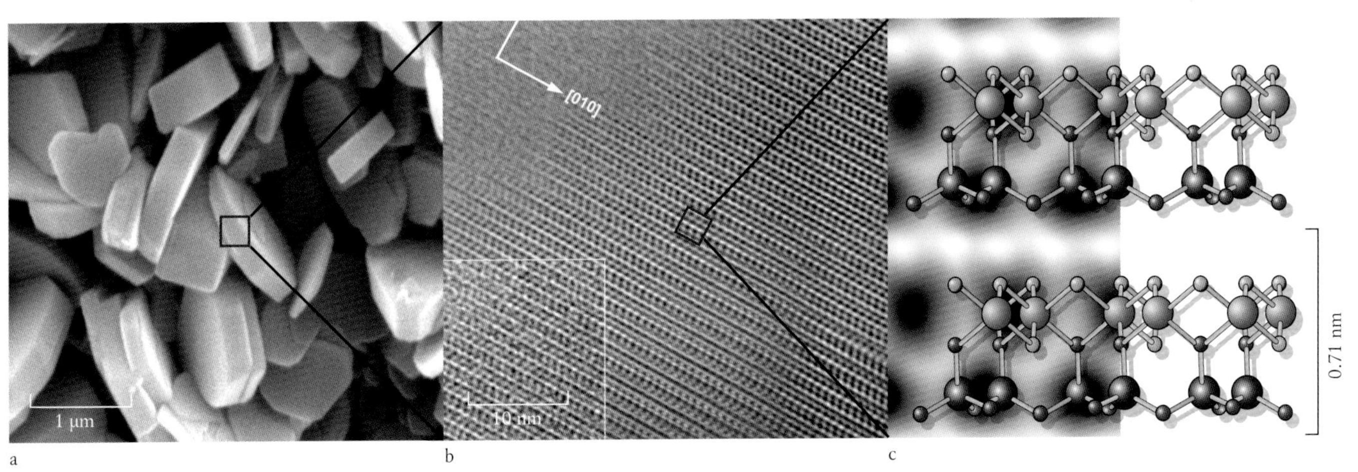

↑
(a)黏粒呈现为比较厚的片状六边形。厚度在1微米到150纳米不等。(b)边缘部分放大，平行的分层清晰可见。(c)继续放大至两个微层之间，原子结构显现。

微小的书

大部分黏粒在微观世界以薄片的形式存在。在电子显微镜下观察，能看到薄片是由平行聚集在一起的更小的微层组成的，像一本页面粘在一起的小书。黏粒属于矿物家族里的页硅酸盐类，所有类型的黏粒都由微层结构组成。令人吃惊的是，这些层的厚度只有三四个氧原子大小，而它们之间还存在着更小的原子，通常是硅和铝。

数量众多的微层一起组成了牢固的黏粒薄片，有的像几页纸，有的像厚厚的书。另外，薄片的尺寸也差异很大。如果说大的黏粒薄片和本书一样大，那么小的薄片长和宽都还不到1毫米。正是这些巨大的差异，造成了黏粒各自属性的不同。

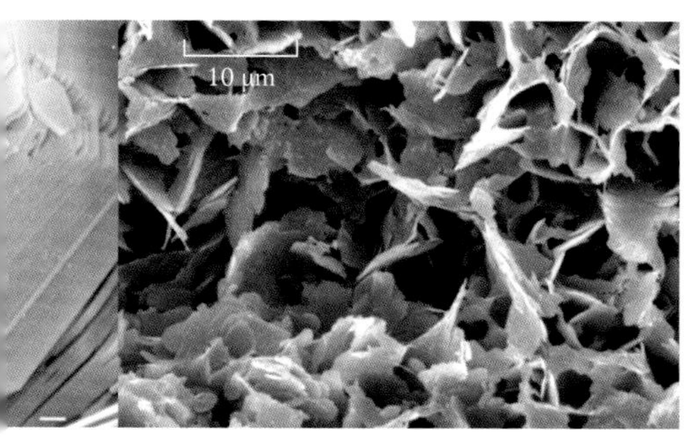

↓
从这些画面能看到黏粒的结构呈现出不规则的蜂巢形状（a 和 b）。更微观地观察，沿着弧形结构聚集的微层，长度只有 1 纳米（c）。

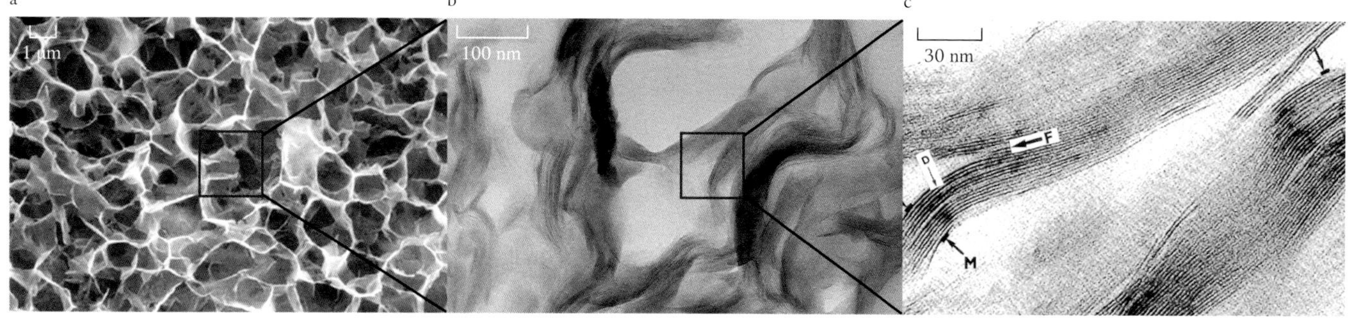

分层

有些黏粒在微观世界中不是以薄片形式存在，上图呈现的更像是一张由相互连接的膜所构成的网（a）和（b），有点像不规则的蜂巢。它已经超越颗粒物的概念了，在更微观的尺度下，是一种全新的层状结构（c）。这些弯曲的不规则的微层，或分开，或聚合，但在同一薄膜里，它们非常坚固地黏结在一起，平行且不可分割，能组成坚硬的晶体。

卷曲的层

有一种黏粒非常罕见，为纤维状结构，在显微镜下呈现出类似头发的形状［下图，a］。其截面却是另一种多层状结构，像纸卷一样以同心圆的方式出现。

↙↓
黏粒纤维（a），其截面（b）呈现出清晰的同心圆状分层。

↘
这些特殊的黏粒有着管状的结构，是天然的纳米管。

天然的纳米管

还有一些黏粒在显微镜下呈现为圆管状［下图］，每层卷曲闭合。这些黏粒有着堪比碳纳米管的材料特性，因此能够实现很多高附加值的应用。比如作为剧场或影院内墙上的基层涂料，可以阻隔手机的无线信号。

黏粒这些巨大的差异源自其微层不同的构成方式。黏粒的材料属性则更多取决于其表面特征，因为超过半数的原子分布在黏粒微层的表面。

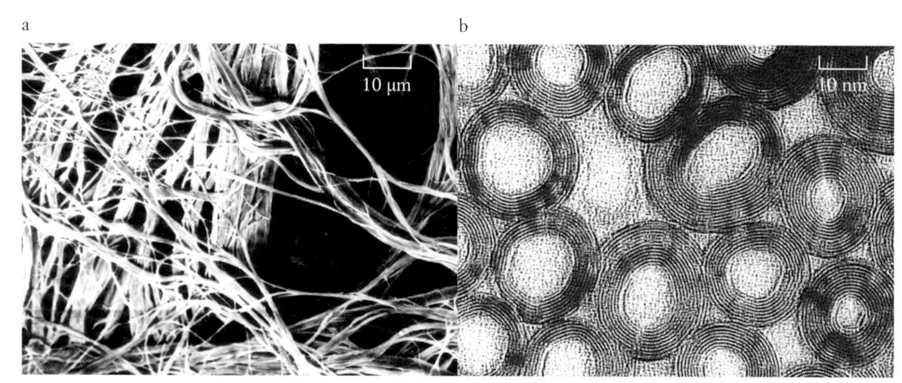

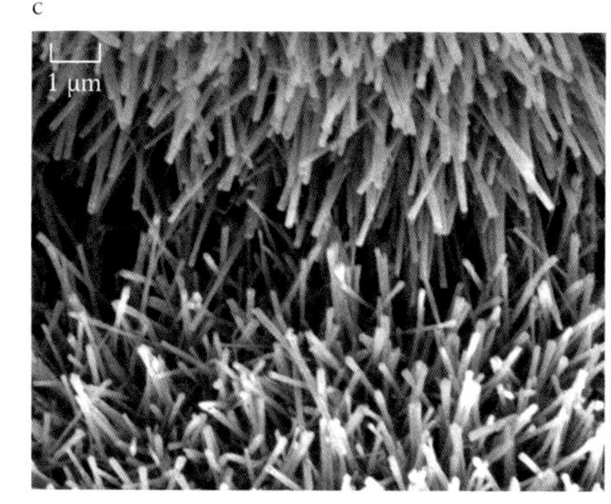

黏粒的微观世界

黏土这种物质的各种差异，源自微观尺度下黏粒多元的形状与组织结构。

1. 高岭土和纤维状的伊利石。来自加拿大阿萨巴斯卡（Athabasca）盆地。
2. 二代伊利石：片状和长板条状。来自加拿大阿萨巴斯卡盆地。
3. 砂岩中的高岭土（迪开石）。
4. 高岭土。
5. 贵橄榄石。
6. 绿泥石。来自北海，布伦特（Brent，North Sea）。
7. 二代伊利石：片状和毛发状。来自加拿大阿萨巴斯卡盆地。
8. 正在转变为迪开石的高岭土。来自北海盆地。
9. 高岭土。来自法国莫尔比昂（Morbilhan）Kerbrient 采石场。
10. 海泡石。
11. 高岭土。
12. 高岭土。

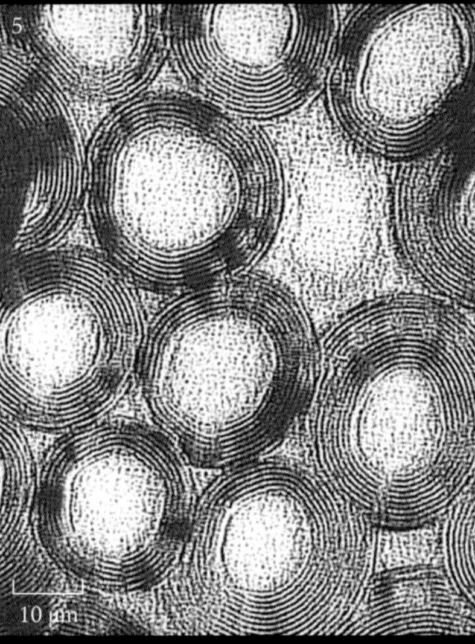

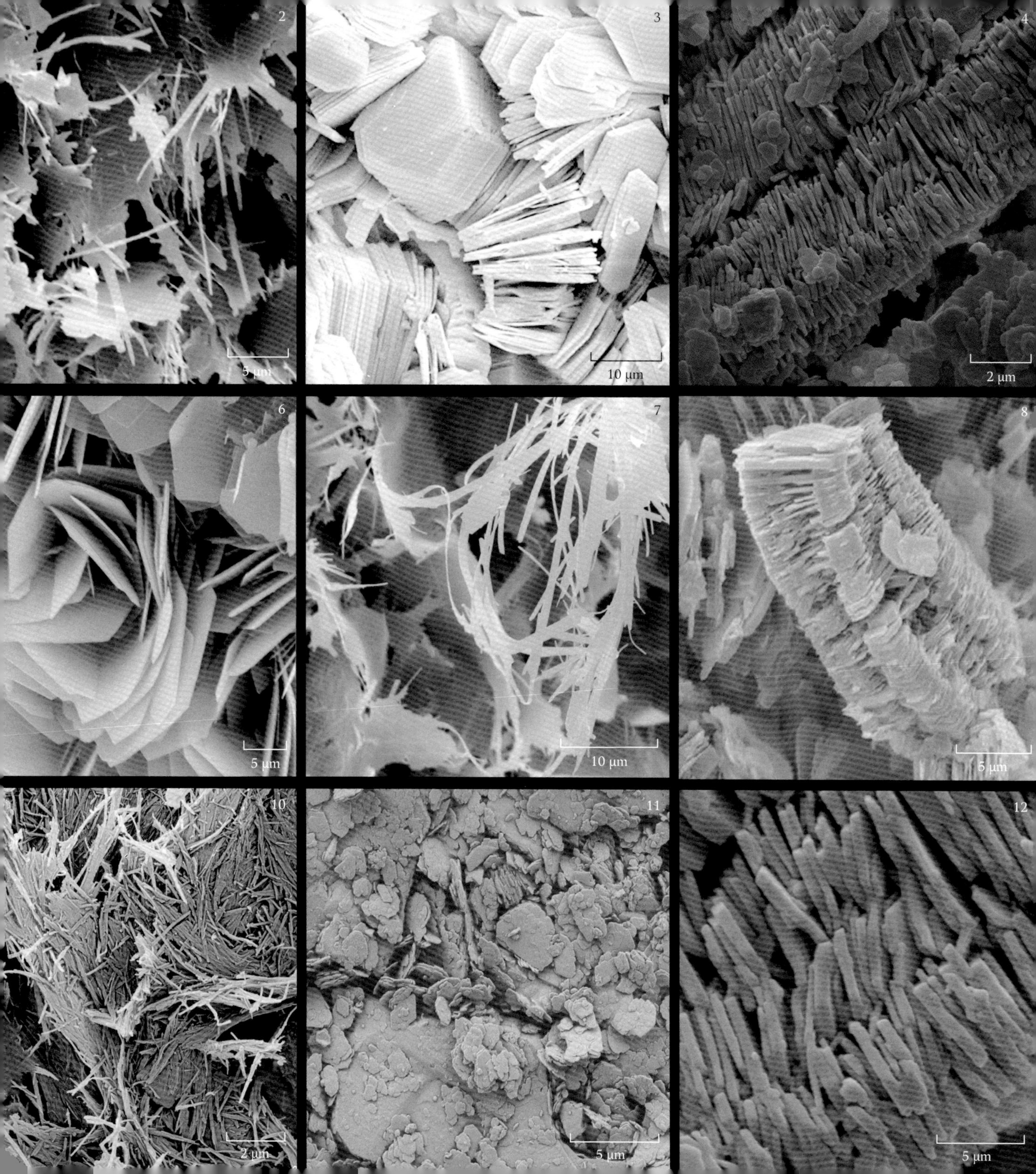
2
5 μm
3
10 μm
4
2 μm
6
5 μm
7
10 μm
8
5 μm
10
2 μm
11
5 μm
12
5 μm

黏土的膨胀与开裂

不同类型的黏土，其黏粒微层被分散的容易程度取决于它们内部黏结力的强弱。有些黏粒能在微层间吸收大量的水：这是种膨胀性黏土。用这种黏土做成的泥团含水量比较高，当水分蒸发开始干燥时，会很容易收缩并开裂。让我们来看看表现完全相反的两种黏土：高岭土和蒙皂石。

膨胀与不膨胀

蒙皂石土与高岭土很不同，其泥浆可用来做美容面膜，而高岭土常用来制造瓷器和纸浆。将等量的两种黏土分别放入两个装满水的瓶子，我们能看到高岭土聚集在瓶底，只占到水量的很少一部分，而蒙皂石土则几乎占据了水体积的全部：可见蒙皂石土是一种膨胀性黏土［实验 1］。

塑性状态与流体状态

将等量的这两种黏土分别加入同样多的水进行搅拌，可以看到呈现的结果大不一样：高岭土为乳状的流体状态，而蒙皂石土为塑性状态［实验 2］。

←
实验 1
蒙皂石土在水中膨胀（左），高岭土不膨胀（右）。

↑
实验 2
等量的两种黏土加入同样多的水混合，高岭土为液态（左），蒙皂石土为塑性状态（右）。

←↑↗→
属性介于高岭土和蒙皂石土之间的黏土在干燥过程中或多或少都会产生裂缝。

a

b

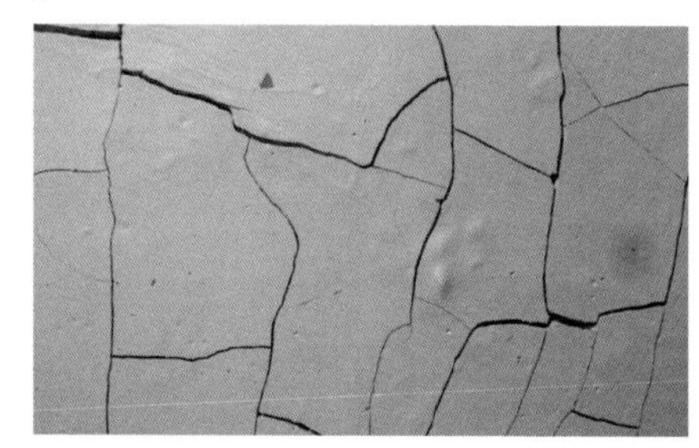

←
实验 3
同为塑性状态的两种黏土，(a)为蒙皂石，(b)为高岭土。干燥之后，高岭土出现很多裂缝，而蒙皂石完全破碎。

破碎与开裂

要维持塑性状态，蒙皂石比高岭土需要更多的水。因此，在黏土比例一定的塑性状态下，膨胀性黏土（蒙皂石）干燥后完全碎开，而高岭土则只是开裂［实验 3］。

层的分离

为了明白这种差异，必须在微观尺度下对两种黏粒进行观察。高岭土黏粒呈现多层的板状，层之间紧密连接，水无法进入。而蒙皂石黏粒的层为一系列膜组成的网状结构，在层的边缘，水可以进入将这个网撑开。这一结构特征从根本上决定了这种膨胀性黏土在上述实验中的表现。

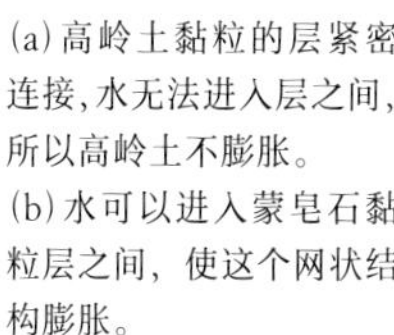

→
(a)高岭土黏粒的层紧密连接，水无法进入层之间，所以高岭土不膨胀。
(b)水可以进入蒙皂石黏粒层之间，使这个网状结构膨胀。

a

b

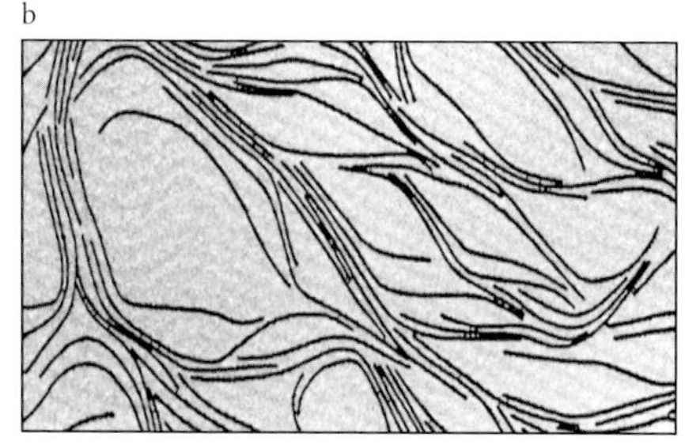

如何避免开裂

不论是生土抹面施工还是自然界的土，它们在干燥的过程中都时常产生裂缝。为了避免这种情况的发生，可以在土中添加砂粒或麦草。相互接触的砂粒能够形成一个坚固的骨架系统，从而限制黏土大范围的收缩。细碎的麦草也有同样的骨架作用。

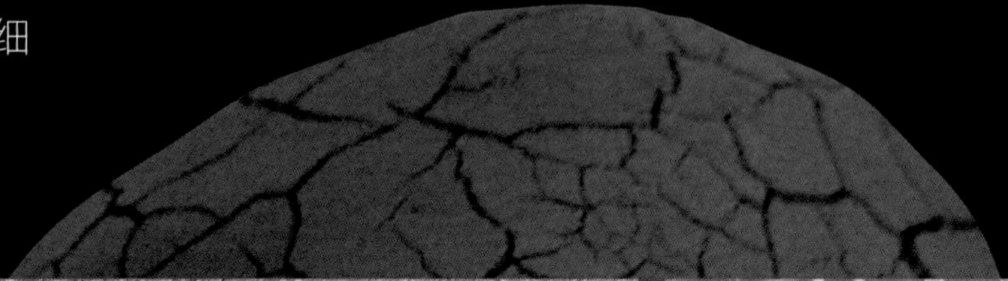

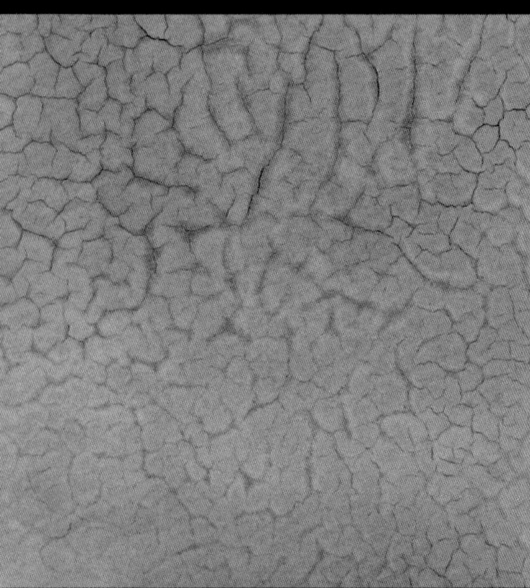

b

c

驾驭裂缝

如果能控制裂缝的产生，我们就能利用裂缝创造出独特的艺术效果。

↓→

(a)在未干的抹面上，划出一条曲折蜿蜒的裂缝。
(b)在未干的抹面上刻画出网格状的裂缝图案。
(c)抹面中央和边缘厚度不同所产生的裂缝。
(d)以同样的方法，控制抹面薄厚的位置变化来制造蛇形裂缝。

a

b

c

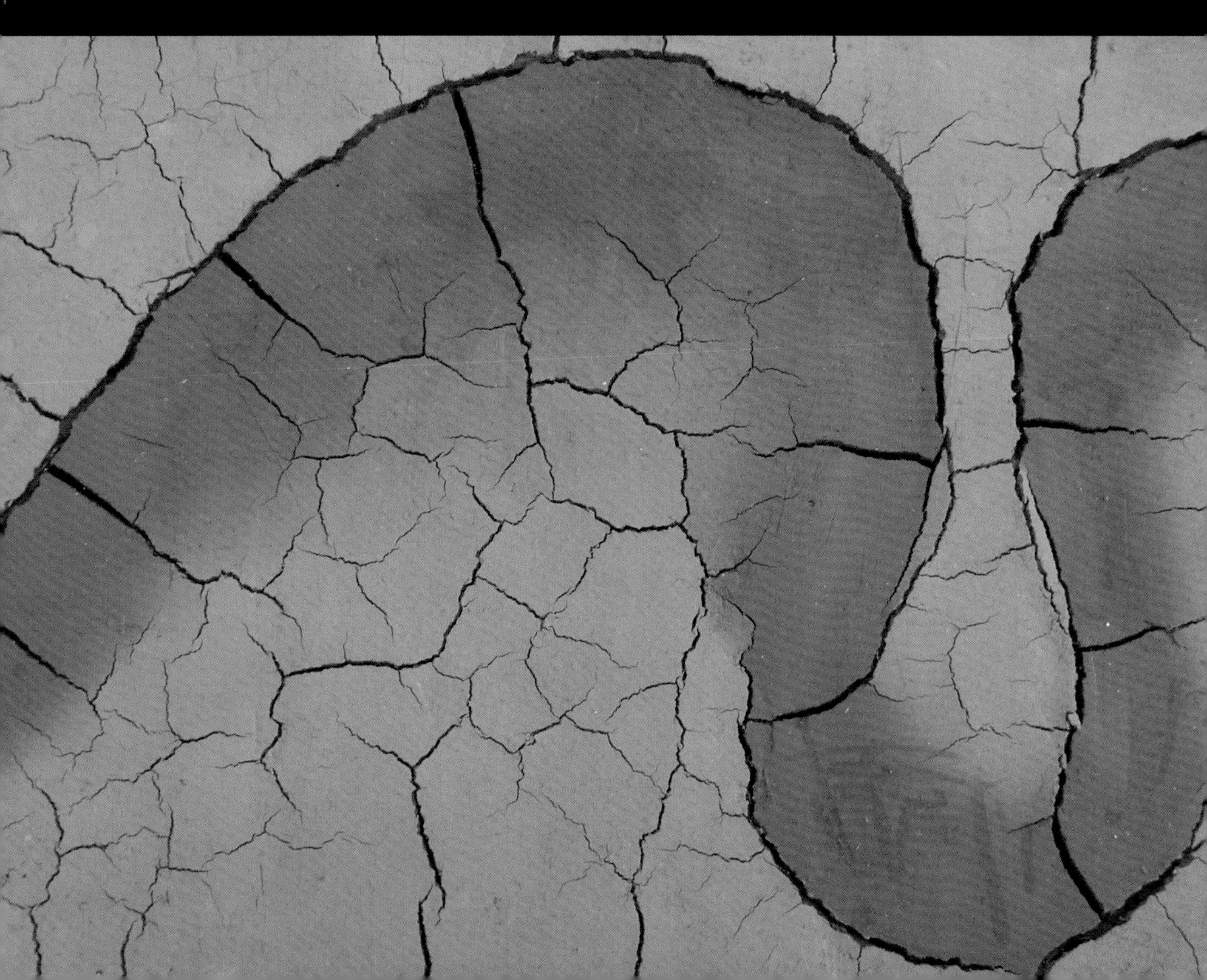

电的介入

黏土的膨胀或开裂现象还与其黏粒薄层表面的属性差异有关。比如蒙皂石黏粒带有负电荷，而高岭土黏粒的微层为中性，不带电。矛盾的是，带电的黏粒产生的裂缝虽然较多，但黏结性却更好，原因是电作用力的介入。

自带电荷

大家知道土是自带电荷的吗？验证如下［实验 1］：将两根接着电池的铜丝插入蒙皂石黏土泥浆，可以看到在正极的一端泥浆被吸附成了腊肠状！这种特别的聚集是因为其黏粒的层状结构上覆盖着一层负电荷，所以被正极吸引。而在水中，薄层之间相互排斥，这也是为什么蒙皂石黏土在水中会膨胀，做泥团会开裂［实验 1/2/3，p.160-161］。同样的实验换成高岭土泥浆就不会有这样戏剧性的结果：两根铜丝都不会有泥浆聚集，这是因为其黏粒的表面几乎完全中性，所以不会被阳极或阴极所吸引。在水中，它们保持紧密的连接而不相互排斥。通常状态下，所有的黏粒，包括高岭土，在其表面或多或少都带有负电荷，只不过不同黏粒所带负电荷的多少有较大差别。

1 克黏土里有一个足球场

蒙皂石黏粒的薄层结构可以被其自带的电荷分开。每个独立的层超过半数的原子聚集在其表面，表面展开的面积非常巨大：1 克的蒙皂石黏土所拥有的总面积相当于一个足球场。

能够加强黏结的力

如果用来建造的土中含有很多膨胀性黏土，比如蒙皂石，就要当心大面积的开裂！高岭土也不是理想的建造用黏土——它虽然开裂不多，但很容易被雨水侵蚀。因为其黏结力主要依赖毛细作用，当空隙里充满水时，黏粒间就几乎没有黏结力了。而蒙皂石黏粒可以靠自带电荷所产生的力来相互黏结，哪怕内部没有空气。这些差异在下面这个实验里可以被清晰地观察到。在两个装满水的瓶子里各加入混合沙子后的高岭土和蒙皂石［实验 2］。我们看到水中的沙子和高岭土因为沉淀差异而分开。相反另一瓶，沙粒却被困在了膨胀性黏土之间：蒙皂石黏粒膨胀后有着凝胶般的稠度，这是因为其微层在电荷的作用下被撑开并结成了一个网状结构，从而困住了沙粒。

所以膨胀性黏土的黏结力更好，也更能抵御雨水的侵蚀。在气候温和的地区，最常见的黏土是伊利石黏土，它有更好的黏粒结构，其层状结构呈板状（层之间无法分开）并带有很强的负电荷：用这种黏土，膨胀小，黏结力更好。

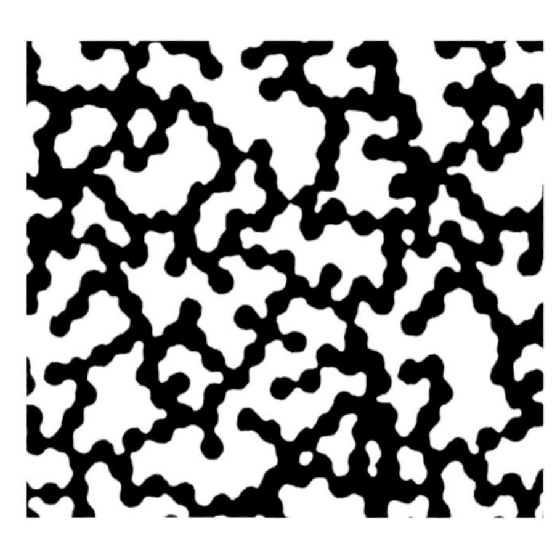

↑
在水中，微粒结成了一个牢固的网。微弱的电荷将所有相邻的微粒连接在一起，使膨胀性黏土比如蒙皂石呈凝胶状态。

←
实验 1
两根接着电池的铜丝插入蒙皂石黏土泥浆。约30 分钟后，泥浆在正极的一端被吸附成了腊肠状。同样的实验换成高岭土则没有这样戏剧性的结果。

↓
实验 2
(a)沉淀在水中的沙子与高岭土的混合物（沙粒沉淀在瓶底）。(b)因自带电荷的特点，蒙皂石黏土混合水后呈凝胶状，阻止了沙粒的沉淀。

a b

→
以黏土为基本材料制成的美容面膜，因其带电的特性，可以吸附皮肤中的杂质。

↓
实验 3
将两种液体——右侧为深蓝色亚甲蓝（碱性），左侧为荧光绿——分别倒入两个含有蒙皂石黏土和沙子混合物的玻璃管中。蓝色液体穿过黏土后变得清澈透明，绿色液体则没有变化。为什么呢？亚甲蓝液体里带有正电荷的蓝色分子被黏粒层中的负电荷阻止了：这是一个吸附现象。相对地，绿色液体中的荧光绿所带的是负电荷，所以什么变化也没发生。

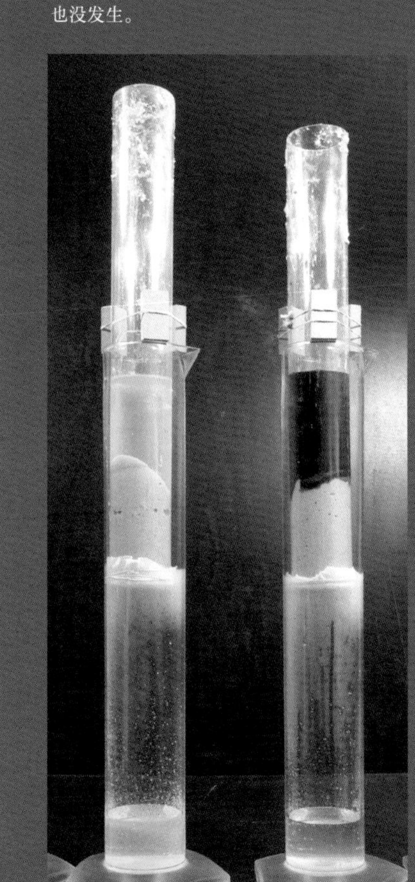

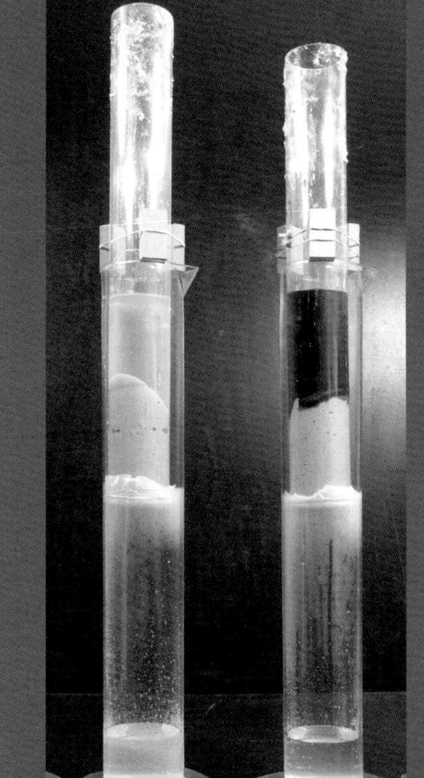

土房子，对皮肤有好处

黏粒的表面能够吸附一些分子，可以用来过滤水，使水质变好。这个过程可以用实验证实。蓝色的亚甲蓝液体经过沙子和黏土的混合物后，颜色被过滤掉，水变得清澈透明［实验 3］。这个“吸附现象”是因为黏粒微层上所带有的负电荷，所以正离子在水中溶解并很容易吸附在黏粒上。

那么为什么带有负电荷的黏粒，其土壤却是中性的？答案很简单：黏粒微层中所带的负电荷总是会被水中的正离子中和。在实验 3 中，“蓝色”分子并不只是简单地吸附在黏土的微粒表面，而是和之前已经存在的正离子进行了交换。这一特性被广泛应用在各种工业领域：以黏土为基本材料制作的美容面膜可以吸附皮肤里的杂质，并将其与面膜里的营养物质进行交换。

黏土凝胶

正确地混合与搅拌会使土制砂浆或灰浆变得非常顺滑并且易于施工，借助简单的工具就可以在另一种介质上均匀摊开。如果使用膨胀性黏土，这个特征会更加明显。膨胀性黏土保持水分的能力非常突出，这使它可以成为凝胶的状态。让我们来看看它具体有哪些特征。

↑→
实验 1
一勺锂藻土粉末混合 1 升的水（稍加一点点盐），充分搅拌后静置就能使其呈凝胶状：其中99%是水，1% 是黏土！

头发用的黏土

锂藻土是一种人工合成黏土，应用于颜料增稠或某些个人护理产品。一升的水中拌入一勺锂藻土粉末，就能使其成为透明的凝胶状，其中 99% 是水，1% 是固态微粒 [实验 1]。这种有趣的特性主要被用来开发生产发蜡、发乳之类的产品，尽管它仍是一种泥浆！在微观尺度，其薄层微粒的样子类似一枚枚硬币，直径大约 25 纳米，厚度只有 1 纳米。在水中，这些面与面之间会相互排斥，其边缘也同时被拉扯：但这些微粒间仍存在微弱的连接，可以在液体间结成一个网状结构。

凝胶的破裂

在黏土泥浆中，当微粒间的相互作用在其内部减弱并可逆时，会表现出一些奇妙的力学特征。比如凝胶只有克服了一定的阻力后才会流动：我们称之为流阈值。它不像水或者油这些常见的液体，所在容器倾斜时，其表面会保持水平。凝胶会随着所在容器的倾斜而倾斜 [实验 2]。这是由于凝胶内部存在着一定的剪切力（液体的流动，通常会被描述为一种叠加流层的剪切）。

因此，锂藻土凝胶有时有着固体的特征。当向其内部注入彩色的液体，会看到颜色像玻璃破碎的裂缝一样分裂开来 [实验 3]。这个现象是由于注入的液体冲破了黏粒间那个微弱连接的网。

↑
实验 2
锂藻土凝胶不同于水或者油这些常见的液体，当我们倾斜装有凝胶的容器时，它的表面并不会保持水平。这是一个液体阈值：在超过一定角度时，流动才会发生。这相当于剪切力的“门槛应力”。

↓→

实验 3

当我们向锂藻土凝胶中央注入一些稍稠的液体时，会发现其呈面状、裂片状地分散蔓延，像断裂的玻璃。

←↑

实验 4

将蒙皂石凝胶摊开夹在两片玻璃板中（a）（b），从上面玻璃中央的孔注入一些液体（稍稠）（c），我们就能看到生成了一个非常漂亮的树形（d）。

←
实验 5
把呈液态的黏土泥浆放入一个密封容器。静置一阵，黏粒会在液体中形成一个弱键网络，凝固而无法流动。但是只要晃动容器就能破坏这种微弱的连接，使其重新成为液态。

“酸奶”属性

在外力的作用下，黏土泥浆黏粒间脆弱的网状结构会发生某种改变，比如被强化或被破坏。换句话说，其泥浆或灰浆的稠度会发生变化。将黏土泥浆倒入一个密闭的容器，静置几个小时，泥浆会在不变干的情况下因微粒间的黏结力而开始凝固 [实验 5]。将容器倾斜甚至倒置，泥浆也不会流动。晃动容器，固态的泥浆又重新恢复成液态，也就是微粒间的连接被外力所打破。这就像酸奶在被小勺搅动后会变得比较稀一样。我们称之为“流变性”。它流动得越快，流动性就越强。

黏土的这一特性在工业领域中被广泛应用，比如钻井泥浆。当旋转工具挖掘岩石的时候，它的流动性能将产生的碎渣带到地面。相反在停止时，黏土泥浆能够凝固在井眼内壁，防止内壁垮塌。将黏土添加在涂料里可以改善涂料的施工效率，也有利于增强颜色的附着力。涂料静置时会有些凝固，但用辊子涂刷的时候又很流畅。因此，黏土灰浆抹面的操作要比水泥灰浆轻松很多。

也有一种增稠流变的流体与这一情形相反，在静置时呈黏稠状，一旦搅拌就开始凝固。这个戏剧性的现象可以用另一个实验来观察 [实验 6]。另外，饱和细砂或新鲜的水泥浆也会越搅越稠。

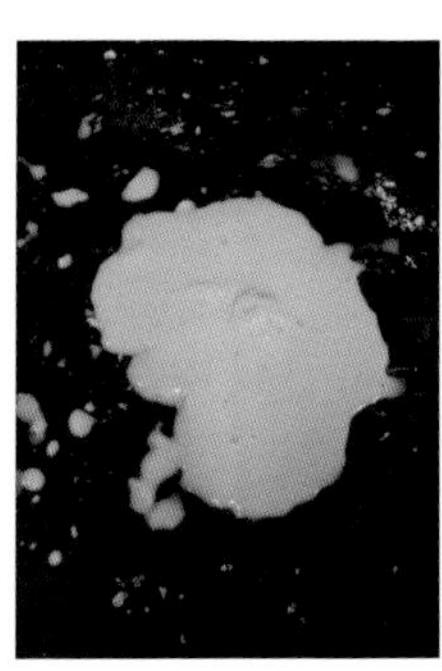

易于操作的自然材料抹面

所有熟悉土的泥瓦工都会告诉你：土灰浆做起抹面来比其他材料要容易得多。这种舒适感来自土灰浆的流变性，它使抹面变得非常流畅，就像在面包上抹黄油。它很容易操作，但在变硬的时候会发脆易裂。另外，在水泥混凝土施工的时候，掺入一点蒙皂石黏土能够优化其材料塑性。

↓

实验 6

玉米淀粉加水搅拌至黏稠的液态。静置一阵后，它会变得更稀，当我们用手指搅拌，它会马上开始变硬凝固，可以揉捏成团。可是放到桌面上，它又很快恢复成稀软的液态。

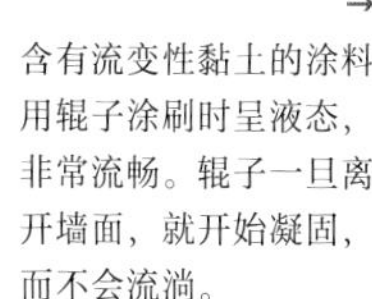

→

含有流变性黏土的涂料用辊子涂刷时呈液态，非常流畅。辊子一旦离开墙面，就开始凝固，而不会流淌。

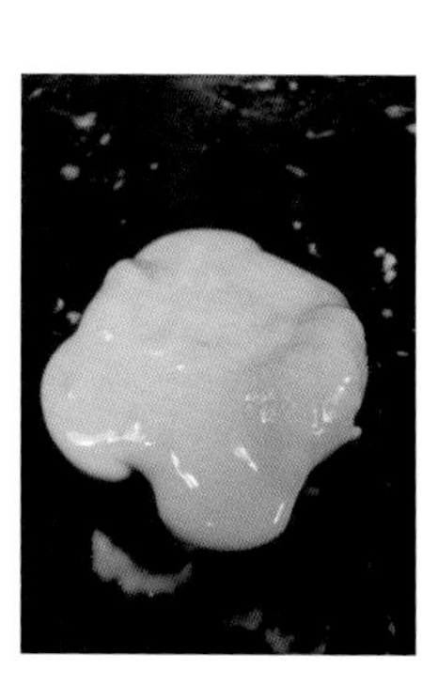

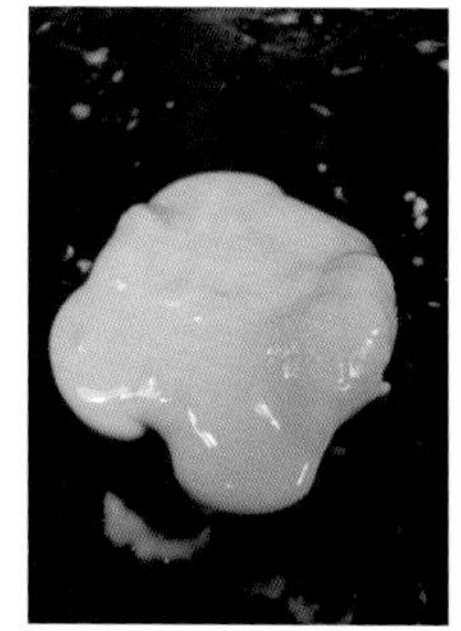

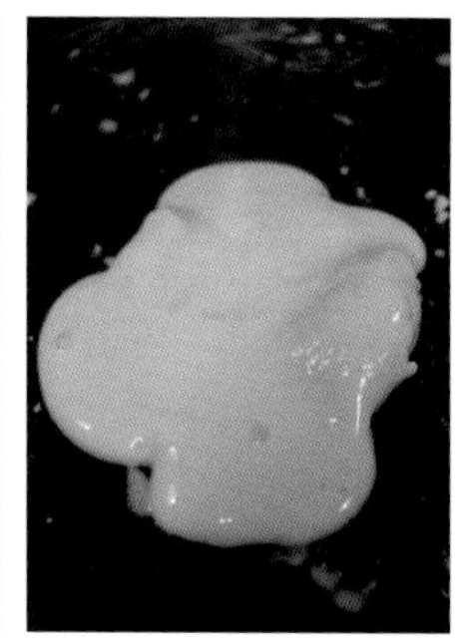

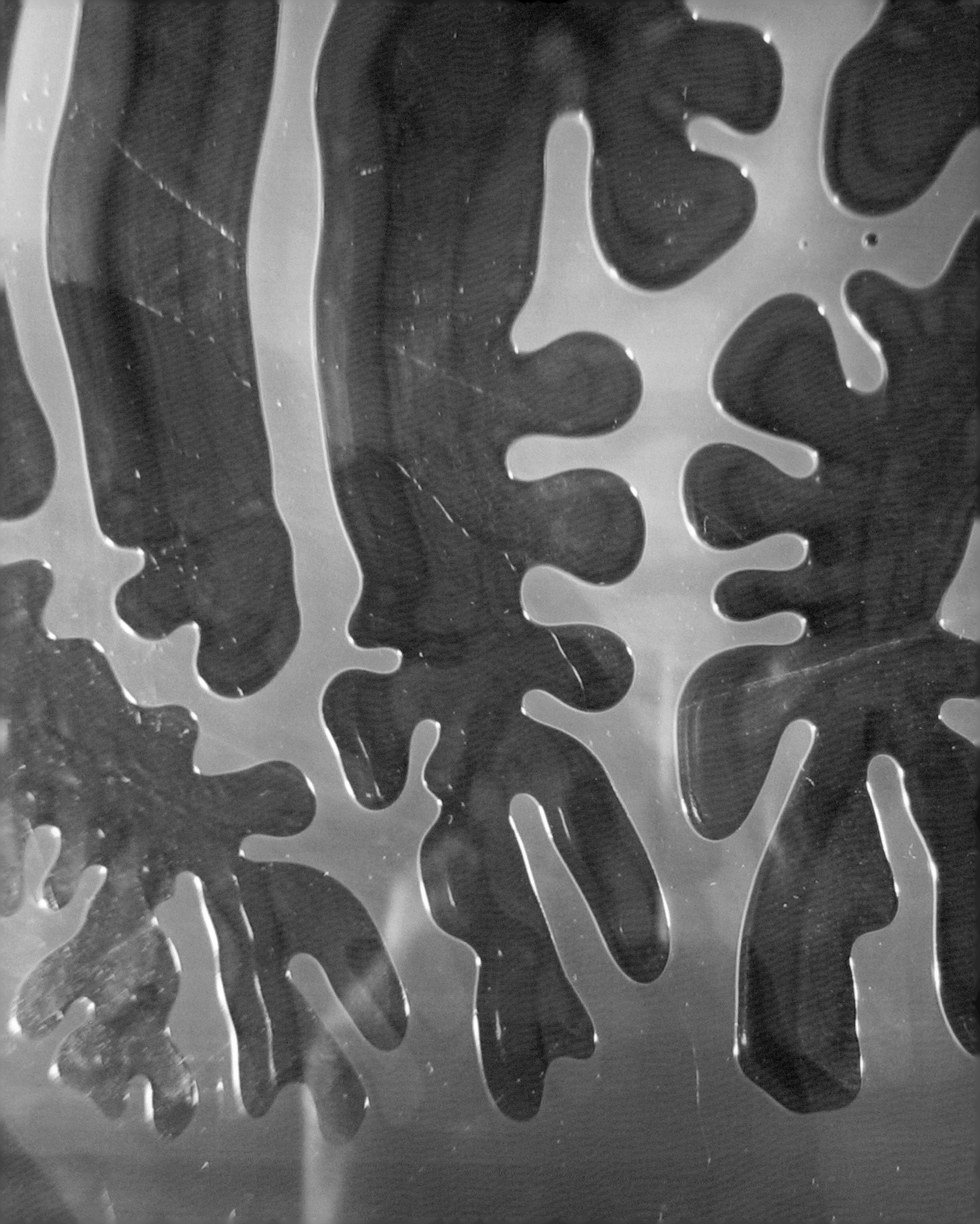

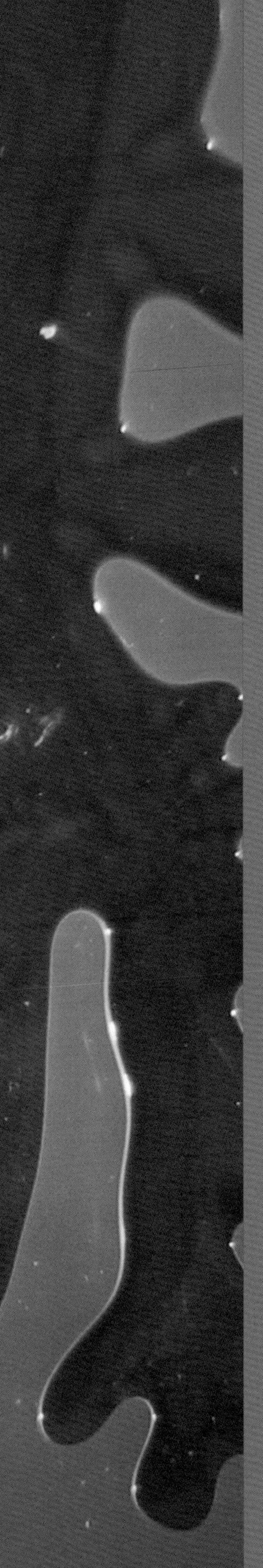

← 艺术家伊丽莎白·布劳尔（Elisabeth Braure）通过用玻璃板夹住黏土泥浆来制作的艺术作品。那些透过黏土的光使人联想到教堂里绚烂的彩色玻璃。研究者们正不断地更新着我们对黏土的认知，并打开了通往新材料的道路。

3

革新

生土建筑漫长的历史证明，它可以很好地适应非常复杂的地理环境，满足社会需求。但这并不意味着土建筑不再需要改进。而且，混凝土这种工业化材料在今天带来了很多严峻的环境问题，科学家们正在寻找可能的替代品。

那么替代品是否有可能来自黏土？虽然黏土是物理化学研究的一个重要领域，但人们其实才刚刚开始了解这种复杂的基本物质，并发现它在应用领域所具有的高附加值。当很多复杂的纳米复合材料或液晶材料都以黏土为原料时，为什么它不能用于开发一种新的可持续的建筑材料呢？

实际上，正是由于黏土科学的存在，在土与水泥混凝土之间建立一种密切的关联才成为可能。这种关联是相互的，因为土材料很多的科学知识与技术，包括潜在的应用（尤其施工方式和力学原理）都来自混凝土的研究成果。如果本书中有关革新的内容描绘了土作为一种工程材料颇具吸引力的前景，那么对于建造者来说，它就不应只是一个可持续性建筑设计的附加工具。

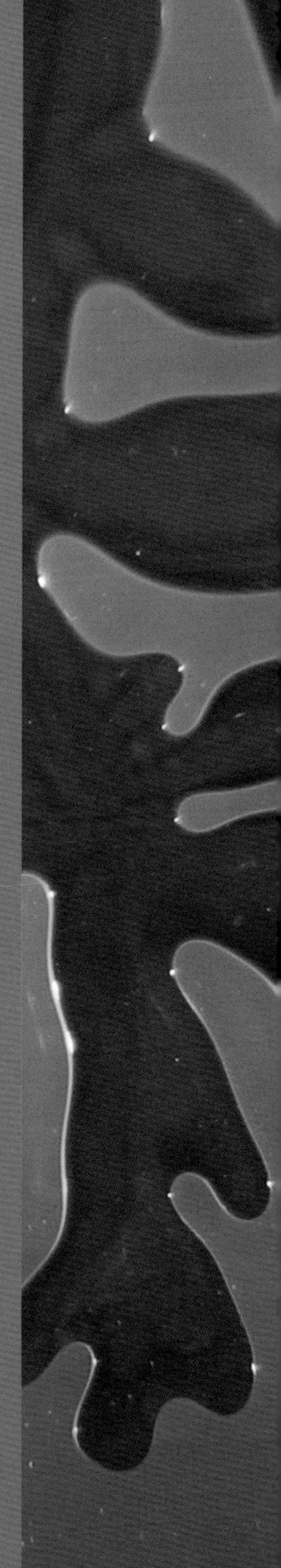

在分子层面

黏土一加水就变成稀泥，我们要信任这样的材料吗？实际上，为了更好地抵御雨水的侵蚀，很多建造者们都会对土做些改变和加工。这些改变一般都是在土为固态时进行操作，比如泥瓦工在土里掺入砂或砾石来防止干裂。也有的掺入石灰或水泥来增加黏结力，甚至使用一些腐蚀性添加物来对土进行化学改性。

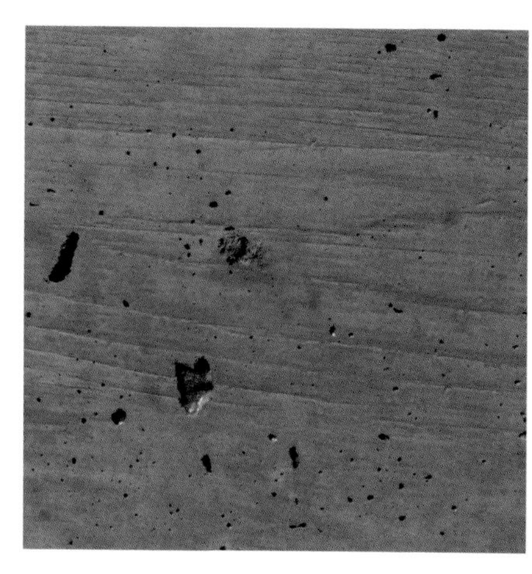

←
除了色彩不同，这面土墙的样子和现浇混凝土墙完全一样，因为这面土墙也是现浇而成。墙面上能看到模板表面的木纹留下的漂亮印迹，气泡留下的孔也是有趣的装饰。

那么能在液态时对土材料进行改变吗？很少有人提过这个问题，好像发生在液态中的操作对材料质量不会有什么影响。但其实使用不同的水，比如纯水或盐水，制出的土砖就非常不一样。也就是说，土材料根据其所含水的不同就可以发生根本性的改变：这是土材料未来革新最有吸引力的途径之一。因为在液态状态下进行操作比在固态状态下操作要容易很多，所需的能源消耗也更少。

为了明白水的性质对土材料的影响，我们需要观察黏粒的薄片与溶解在水中的那些分子是如何相互作用的。只有在这个微观层面上进行操作，我们才能让土材料实现像混凝土一样的浇筑！［对页］

液体的改变！

直到今天，土建筑的实践者们仍很少关注到“加水搅拌”这个环节所带来的影响，在他们眼里，这件事似乎没什么特殊。但实际上，给同一种黏土中加入不同的水（纯水或盐水，酸性或碱性），所得到的泥浆会有巨大差别。在了解这个新材料为什么能够用来现浇之前，我们先来看看相同的黏土在不同的液体中会有什么表现。

水与油

黏土混合水与混合油后差异很大。分别在两瓶等量的纯水和油中加入一勺蒙皂石，水中蒙皂石黏土会膨胀，甚至占据整个液体，膨胀后体积比在油里的多十倍左右[实验 1]。我们前面已经解释过这个实验[p.164-165]，黏土在水中的膨胀源自带有负电荷的黏粒薄片。此外，如此明显的膨胀还因为薄片和分散它们的液体之间也存在一种相互作用。

盐水

与油相似，盐水也能限制黏土的膨胀。盐加得越多，蒙皂石在水中的膨胀就越少[实验 2]。这是什么原因呢？我们知道盐会在水里溶解，水蒸发后，盐结晶又会重新出现。盐溶解的这个过程意味着每个固体盐晶体的结构被水分子分开了，所形成的氯离子和钠离子会继续以单独的状态存在于水中：其中钠离子带有一个正电荷（Na^+），氯离子带有一个负电荷（Cl^-），它们分散在水中与黏粒薄片相遇，由于薄片带有负电荷，异性的钠离子便会在该过程中成为减少膨胀的关键角色。我们后面将会详细解释黏土泥浆中盐的作用。

←
实验 2
随着盐的添加量增加（从左至右），蒙皂石黏土的膨胀逐渐减小。

↑
实验 1
在装有水（左）和油（右）的两个瓶中分别放入100 克的蒙皂石黏土，结果反差巨大。黏土在水中膨胀，几乎充满所有液体。而在油里，黏土则没有产生膨胀。

酸性水与碱性水

与盐一样，酸也能改变黏土和水的混合物。倒一些酸性水（盐酸 [HCl] 水溶液）在黏土粉末里［图 1.a］，黏土变稠，具有塑性。而加入同样数量的碱性水（氢氧化钠 [NaOH] 水溶液），黏土则会变为泥浆，呈液态［图 1.b］。

为了弄明白产生这种差别的原因，我们需要观察黏土内部的薄片结构。酸性或碱性的黏土泥浆内部会产生两种不同的空间组织结构。在酸性水中，薄片会聚集在一起，通过边缘和中部相连构成类似于“纸牌叠塔”的结构形式［图 2.a］。这种结构能困住大量的水，从而阻止黏土与水的混合物变得更稀。相反在碱性水中，所有的薄片相互排斥、分散而无法聚集［图 2.b］，也就释放了所有间隙内的水，使黏土泥浆更稀甚至液化。

还记得之前介绍过的黏粒薄片(或者微层)的表面和边缘吧，正是它们在这些变化中扮演着关键性的角色。薄片的表面总是带有负电荷，而边缘部分则在酸性环境中带正电荷,在碱性环境中带负电荷。边缘(正电荷）和表面（负电荷）在酸性环境中相互吸引连接［图 3.a］；在碱性环境中，薄片整体全带有负电荷，所以会相互排斥［图 3.b］。这也就是为什么酸性的黏土呈泥团状，表面多孔，而碱性的黏土完全呈现为稀泥浆。

再从原子尺度来看：酸性环境中，氢离子（H^+）因化学作用被固定在黏粒薄片的边缘，多余的正电荷都在此聚集［图 4.a］；相反，碱性环境中，这些氢离子（H^+）从边缘位置脱离，与氢氧根离子（OH^-）反应构成了水分子，导致边缘部分聚集了很多剩余的负电荷［图 4.b］。正是这些分子层面上的微小变化使我们看到的黏土呈现出巨大差别。

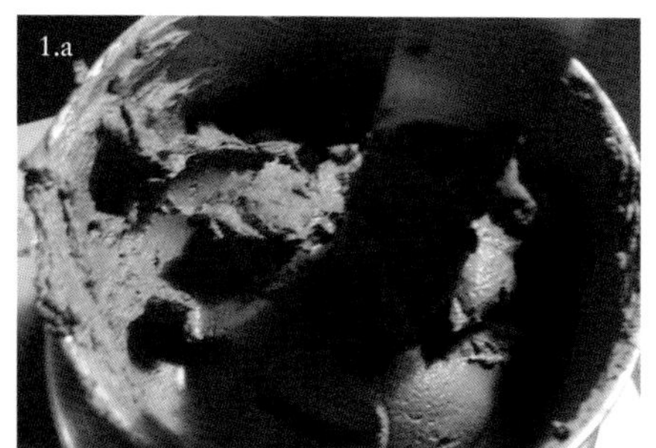

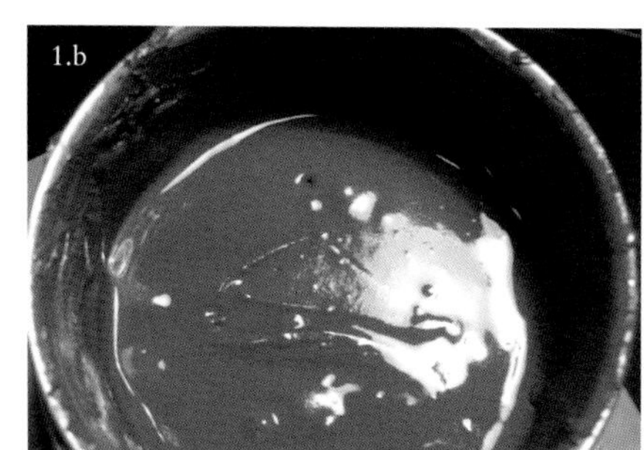

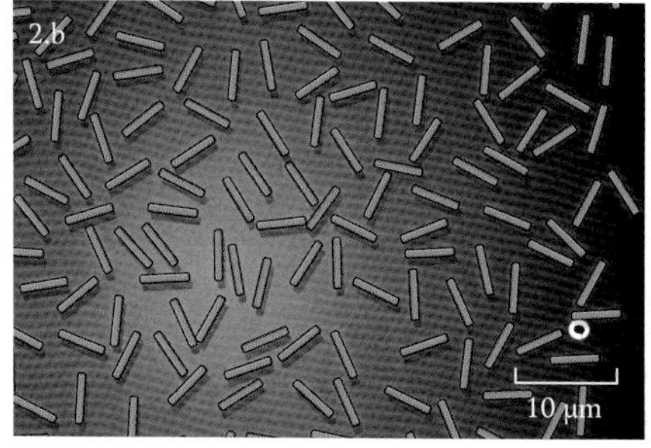

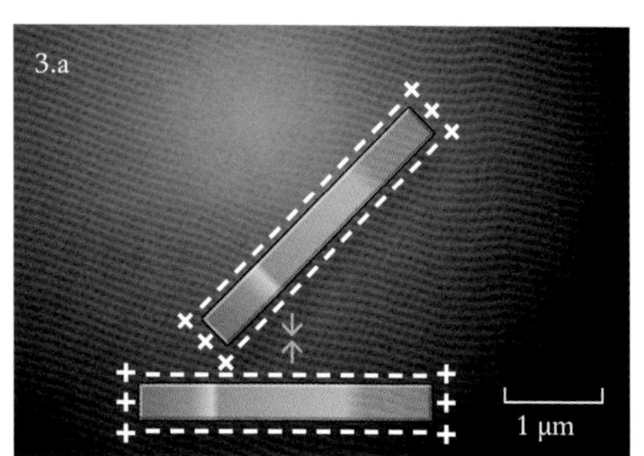

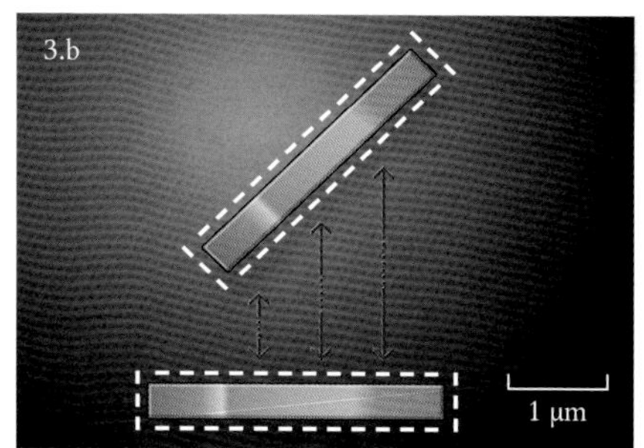

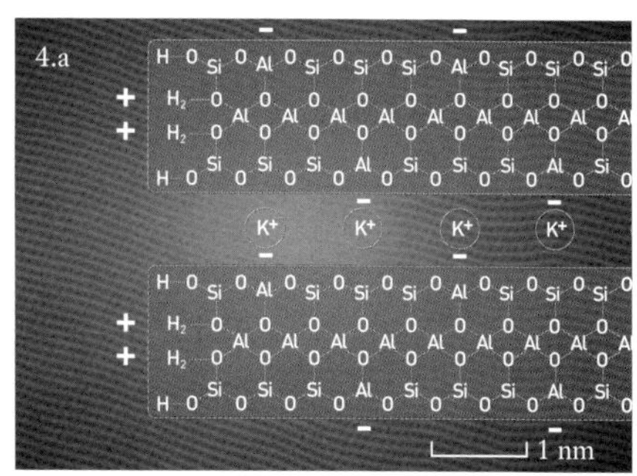

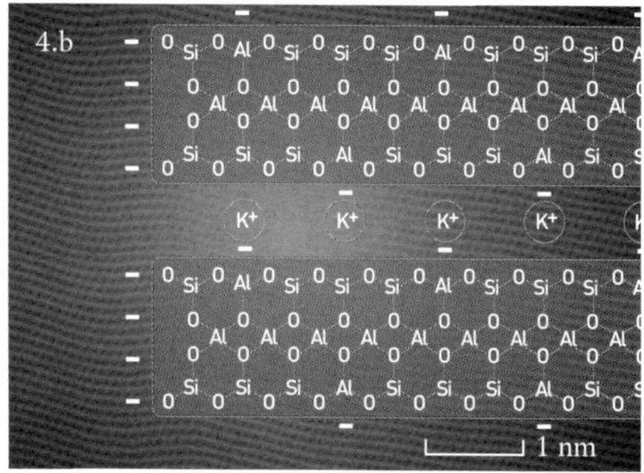

↑

(1.a) 掺入盐酸水溶液后搅拌，得到酸性的塑性黏土泥团，其 pH ≈ 5。
(1.b) 呈液态的碱性黏土泥浆，添加的是氢氧化钠水溶液，pH ≈ 10。
(2.a) 微观尺度下，黏粒薄片在酸性环境中的聚集。
(2.b) 碱性环境中，黏粒薄片的分散状态。
(3.a) 更小尺度下，薄片边缘的正电荷与其他薄片表面的负电荷相互吸引。
(3.b) 碱性环境中，边缘部分也为负电荷，所以薄片之间相互排斥。
(4.a) 在分子尺度下，伊利石黏土的微层由氧原子 (O)、硅原子 (Si) 和铝原子 (Al) 构成。层之间分布的钾离子 (K^+) 与层间多余的负电荷相抵消。在酸性环境中，氢离子 (H^+) 因化学作用被固定在微层的边缘，导致多余的正电荷都在此聚集。
(4.b) 在碱性环境中，这些氢离子 (H^+) 缺失，微层边缘便带有了负电荷。这些微小的变化造成了黏土泥浆呈现出完全不同的样貌。

技术

纯水与溶液

→
当两种离子（正或负）都为不同颜色的晶体时，离子化合物的溶解现象就可以被观测到。例如将一小撮橙色的荧光素粉末投入水中，这些微粒在沉淀过程中会留下绿色的轨迹。这是因为当粉末在水中移动时，水分子分离了荧光素中的正离子与负离子，是负离子使液体呈现出荧光绿色。

在我们的日常生活中，绝对纯净的液体非常罕见，多数液体其实都是某种溶液。比如海水里有盐，是一种氯化钠（NaCl）的水溶液，主要由水分子与构成盐的两种离子氯（Cl^-）和钠（Na^+）组成。同样，河水与自来水也从来不是纯净的，它们中都含有各种各样的离子。

这是因为水有超强的离解能力，在大自然中，水在移动的过程中会分解岩石，并带走其中可溶解的矿物质。这个运行机制在石头变为土的历程中，是最重要的环节之一。也就是说，没有水的参与就没有黏粒！

盐水

这种在原子尺度上分解物质的能力源自水的极化属性。在水分子（H_2O）中，分配给这三个原子的电子并不均匀，一个氧原子吸引电子的能力要大于两个氢原子。因为氧本身有多余的负电荷，而氢原子们的负电荷又不够，这时的水分子就拥有了一个正极一个负极[a]。水溶解了盐，盐是由正离子和负离子结合而成的离子固体。当盐的结晶氯化钠（NaCl）被浸入水中，水分子就会被其周围离子的异性电荷所吸引，并在这些离子周围形成一个屏障，将它们与其他同类阻隔，从而使结晶在水中分解[b]。

盐、酸和碱

我们已经讲过黏土泥浆的表现取决于所加水的酸碱性。但酸和碱究竟是什么呢？和盐又有什么关系呢？酸性的氯化氢（HCl）与碱性的氢氧化钠（NaOH）这两种不同的东西都能从海水中产生。试想一下，我们将水分子一分为二：一份为一个正的氢离子（H^+），另一份为氧与剩余的氢离子结合而成的负的氢氧根离子（OH^-）。分出来的氢离子（H^+）与盐水中的氯离子（Cl^-）结合，能得到一种酸，叫盐酸，也就是氯化氢（HCl）。而另一部分负的氢氧根离子（OH^-）和盐水中的钠离子（Na^+）一起就组成了碱性的氢氧化钠（NaOH）。这个反应并不能自发产生，必须要有能量的介入，比如将连接在高能电池上的两个电极浸入盐水中。相反，如果盐酸与碱（比如苛性碱）混合就能立即生成盐和水。

(a)

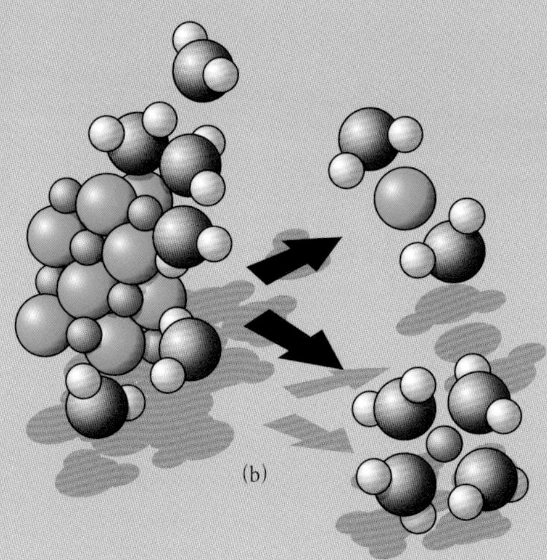
(b)

←
[a] 水分子（H_2O）是由一个氧原子（红色）和两个氢原子（白色）结合而成。氧原子对电子有更强的吸引力，所以水分子能够拥有一个正极（两侧各一个氢原子）和一个负极（氧原子端）。这样的组成结构更易于分解水中的盐。

[b] 盐的结晶氯化钠（NaCl）由负电荷的氯离子（绿色）与正电荷的钠离子（蓝色）结合而成。当氯化钠浸入水中，钠离子（Na^+）会吸引附近水分子中的负电荷，同时水分子中的正电荷会被氯离子（Cl^-）所吸引。最终每个钠离子和氯离子的周围都会被水分子包围，盐就此溶解。

盐的作用

要在液态这个阶段改变土的某些材料属性，我们应该更多关注混合液体中那些微量的溶解物，比如说食盐。虽然量很小，但因为钠离子和黏粒微层间的相互作用，黏粒在水中的组合方式能产生戏剧性的改变。而所有这个过程都是在原子层面发生的。

↑
实验 1
在黏土泥浆（碱性）内加入些盐，搅拌均匀，会产生戏剧化的改变：泥浆变成具有可塑性的泥团。泥团内部含水，表面有微孔。

絮凝现象

悬浮在纯水里的黏土微粒非常细小，肉眼无法看到，微不足道的质量也使其几乎不受重力影响，所以沉淀需要很长时间。但加入少量的盐就能改变这种平衡：分散悬浮在液体里的黏土微粒会相互吸引聚集，从而形成一些肉眼可见的团状集合体。这些微小的絮团会在重力影响下开始沉淀，液体会开始变清。我们把这种现象叫絮凝现象。之前观察到的碱性介质中液态黏土泥浆与酸性介质中塑性泥的差异就是源自这个现象。

从泥浆到塑性泥

我们已经知道，黏土泥浆为碱性时会变得更稀。黏粒结构中那些薄片的表面和边缘一旦都带有负电荷，它们就会相互排斥从而分离［p.175］。而一点盐的掺入会使其发生戏剧性的变化：泥浆能从液态凝固成固态的塑性泥［实验 1］。这是黏土内部微粒聚集并絮凝的结果，可见液体中盐度的作用与酸度类似。但其物理原因略有不同，来看看是为什么。所有两个非常接近的固体表面都普遍存在一种引力：分子间作用力，也叫范德华力。在水中，这种力会使相邻的两个黏粒薄片互相吸引，但它们之间还存在一种所谓的“渗透现象”所产生的排斥力。加入盐可以消除这种排斥力［p.180-181］。然而对于酸性介质，在范德华力的作用下，黏粒聚集并絮凝，絮凝过程源自酸性添加自带的静电，静电使黏粒薄片边缘成为正电荷，从而在薄片间形成相互吸引。

这两种情况中，多孔泥团的形成都是因为黏粒薄片锁住了大量的水，使混合物不易液化，所以有时含盐的土为了方便施工搅拌，也会用更多的水，但在水分蒸发后，表面多孔，强度也一般。

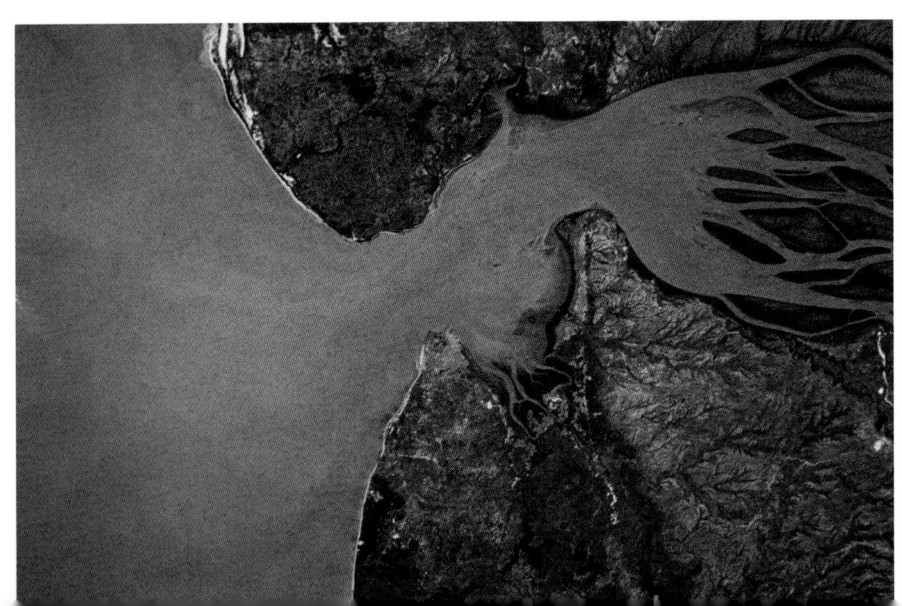

←
在一些河流的入海口，比如马达加斯加的贝齐布卡河（Betsiboka），含有黏土的淡水（右，红色）汇入大海（左，蓝色），盐会使黏土在这里絮凝并沉淀。

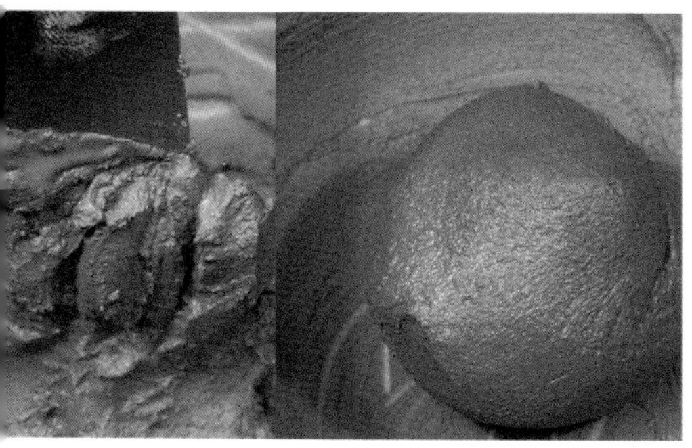

↓
实验 2
将液态的黏土泥浆（碱性）分别注入装有纯水(a)和盐水(b)的杯中。纯水的杯子里，黏土散开使水变得混浊。盐水的杯子里，黏土聚在一起，并不分散。

a b

↑
实验 3
两个呈塑性的黏土泥团，一个含盐，一个不含盐，分别置入相同的两杯清水里。盐泥团(左)呈块状，还有一定的黏结力，但另一泥团(右)完全散掉并沉淀。

盐能带来的帮助

盐在水中能连接黏粒，所以含盐的土不易被雨水侵蚀。含有盐分的黏土泥团在水中可以保持一定的黏结力，而不含盐的泥团，黏粒在水中完全分散［实验 3］。

那么对于建筑这有什么帮助呢？在很多国家，用土建造的屋顶平台，常常会在黏土层的施工中加入些盐来提高防水性。这有着事半功倍的效果：一方面，盐能限制土的膨胀［实验 2，p.174］和气候干湿反复变化给土带来的收缩；另一方面，黏粒间的黏结因盐而加强，所以哪怕是浸泡在水中，它也有一定的防水作用。

“超敏黏土”的危害

超敏黏土（也称流黏土）指水分饱和的土地在被外力干扰时，从相对坚固的状态大规模地丧失强度，开始滑动，甚至导致滑坡。1978 年春天，在挪威的瑞萨（Rissa），大地突然液化，33 公顷的田地和房屋被毁。

这场灾难使我们了解到，陆地的上升运动将沉淀在海里的黏土泥浆带到地表，泥浆随后开始干涸，因为盐的作用，黏土微粒间的连接被强化，所以起初大地还能保持稳定，但随着雨水逐渐将盐分带走，黏土开始失稳，从而引起滑坡。

技术

渗透作用与范德华力

渗透作用

在纯水中，黏土会因为一种渗透作用而膨胀并分散开来。

什么是渗透作用

根据热力学定律，任何可溶解的物质都倾向于以最均匀的方式与溶液混合在一起。但这不总是那么容易发生。设想有一个U形管［下图］，左侧为几乎完全纯净的水，右侧为盐水，中间以只能让水而不能让盐通过的薄膜分开。由于两种水有着不同的浓度，它们只会以一种方式混合：因渗透作用水分子从左向右移动。这就使U形管中两侧的水高度不同，却取得了浓度的平衡。因此，对于水来说，最好的状态就是向浓度更高的地方移动，争取最大限度地混合，这样的话，离子的浓度在各个位置都会是一致的。

渗透作用与生命体

渗透作用是一种普遍存在于生物系统中的特别现象。当一个细菌浸入水中时，在渗透作用下，水会通过渗透薄膜进入或离开细胞。如果细菌被浸在浓糖水中，细胞内的水则穿过薄膜向外部聚集，细菌这时就会因脱水而死亡。这个现象其实已经被人类应用了数千年：糖是可以防止细菌繁殖的，就像盐也常被用来保存肉或鱼的道理一样。与此相反，医疗领域常会用含盐量不同的生理盐水来稀释血清，这是因为我们有机体内的细胞内液也是含有盐和其他一些离子的生理液体，它们与纯水接触是有害的。

↑
实验 4
当我们把一个生鸡蛋泡入醋中时，蛋壳的强度会在酸的攻击下瓦解。暴露于醋中的表面开始膨胀。原理很简单：蛋清是一种高浓度的水与蛋白质的混合物，在渗透作用下，醋中的水会穿过蛋壳稀释里面的蛋白质。这与黏土的膨胀是同一原理。

黏土的渗透性膨胀

当两个黏粒薄片在纯水中面面相对时，它们自身所带有的负电荷会将附近的阳离子吸引至两个薄片之间［下图］，从而使黏粒薄片间与周围的离子浓度产生差异，而根据渗透原理，水会让溶液尽量均匀化，这就会导致薄片间距离加大，黏土因而膨胀。

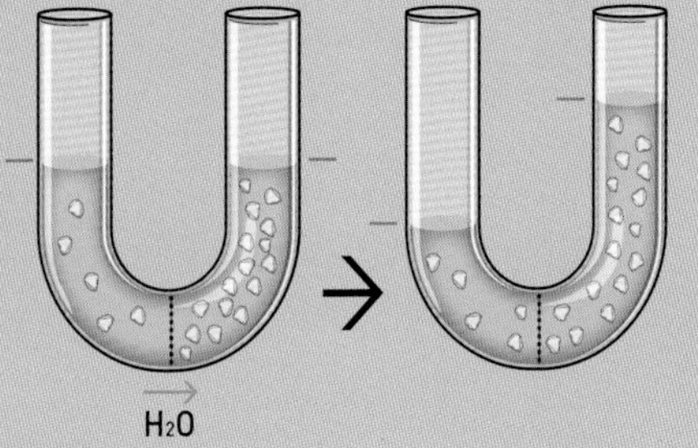

←
U形管中，左侧为几乎完全纯净的水，右侧为盐水，中间以只能让水而不能让盐通过的薄膜分开，水会在渗透作用下从左向右移动，最终会达到一个有高差但浓度一致的平衡。

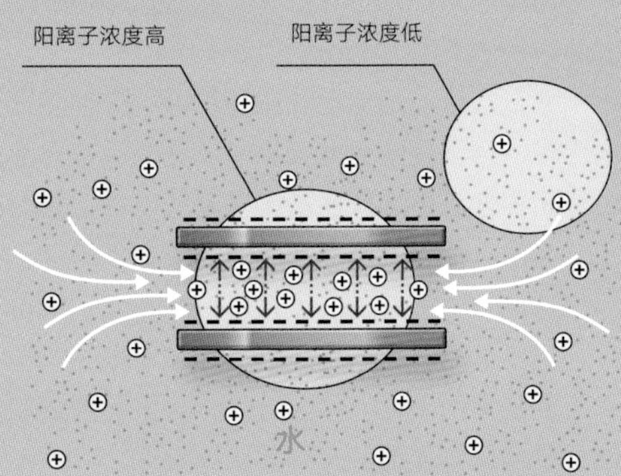

→
黏土，比如蒙皂石在水中的膨胀就是由渗透作用导致。黏粒薄片带负电荷的表面会吸引阳离子，这就降低了薄片周围的离子浓度。在渗透作用下，水会进入到薄片之间来稀释这里的阳离子：在水的推力下，黏粒薄片相互分离。

范德华力

范德华力因荷兰物理学家范德瓦尔斯（J.D. Van der Waals，1831—1923）而得名，在自然界中普遍存在，也称分子间作用力，有吸附或黏结效果，比如凭借它某些昆虫或蜥蜴才能在墙面或天花板上行走。在渗透作用力缺席的情况下，范德华力能够为黏土微粒在水中的黏结起到作用。

在原子尺度下

原子由中心一个非常小的带有正电荷的原子核与原子核周围带有负电荷的不停运动着的电子云组成。如果有一种能够瞬间拍照的设备，我们就能观察到那些电子并不是均匀分布在原子核周围的，也就是说，在每一个瞬间，原子都呈现为一个正极和一个负极的状态，这称为瞬间偶极。当两个原子的距离小于一纳米（比原子大十倍）时，瞬间偶极使它们总会以异性相吸的方式相互吸引。这种引力只在非常小的距离内产生作用。这就是范德华力的主要来源，也存在于分子之间。这个力的强度在很小的距离内会十分明显，两个理想的平面一旦接触，在分子层面上就会立即粘在一起［实验 5］。

壁虎的秘密

我们再来看看壁虎这种小型蜥蜴是如何在天花板上行走的。研究者们通过显微镜发现，壁虎的脚上每平方毫米就有约 14 000 根极细的刚毛，这些刚毛直径大约是人类头发粗细的 1/20。而每根刚毛的末端仍有更多更细微的、长度仅为 0.2 微米的分支。尽管壁虎的脚看上去粗糙，但正是因为这层“纳米毯”产生的范德华力，壁虎才能与其他材质表面亲密接触，并保证了这类动物能够行走在墙面或者天花板上。

黏粒间的范德华力

在盐水中，pH 值呈碱性，黏粒薄片的表面与边缘都带有负电荷，但它们会粘在一起而不互相排斥。这是因为随着盐水浓度的增加，渗透现象会逐步减少。后者的多少是由黏粒薄片间的区域与薄片周围液体的浓度差决定的：如果水中盐的浓度持续增加，浓度差则会越来越低，渗透作用变小。范德华力这时就会占据主导地位，使薄片在盐水中相互连接：薄片相互越靠近，范德华力也会越强。

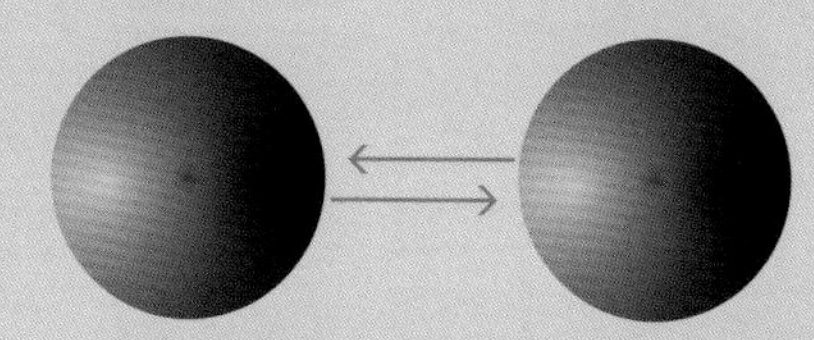

↑
原子中电子的分布并不均匀，在每一瞬间，每个原子内都呈现为一个正极和一个负极。当另一个原子在极小的距离内与之靠近时，这些极之间会瞬间发生作用使两个原子相互吸引。这里起主要作用的就是范德华力，当原子间距离缩小时，它的强度会瞬间变大。

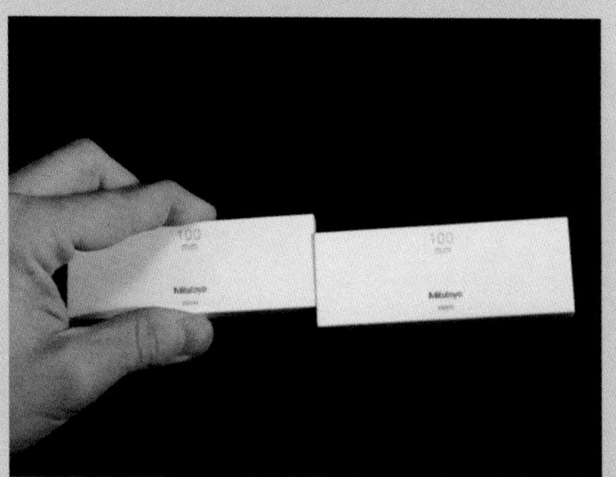

←
实验 5
这种小片是一种用来精准测量的标准器，其表面为精确到微米级的超级平面。它们一旦相互接触，就会在范德华力的作用下黏结在一起。

↓
壁虎的脚上 (a) 布满了细小的刚毛 (b)，每平方毫米约 14 000 根，每根刚毛的末端仍有更多更细微的、长度仅为 0.2 微米的分支 (c)。正是因为这种结构所产生的范德华力，壁虎才能够轻易地停留在任何材质的表面。

a b

c

以少量的水使土料具有流动性

用自然的土材料以现浇的方式建造墙或地板是不可能的，因为液态的土在干燥过程中会产生严重的开裂！所以施工中通常使用塑性状态的土，但这种状态不仅操作十分费力，还需要用到强力高效的搅拌工具。那么如果能够在加水很少（能够减少干缩，避免裂缝）的情况下对土材料进行液化，就能使工人的工作变得更加方便、更省时间，也就不需要类似于混凝土搅拌机之类的复杂工具了。有一种解决办法就是添加分散剂，这类似于水泥作业中添加减水剂或增塑剂。

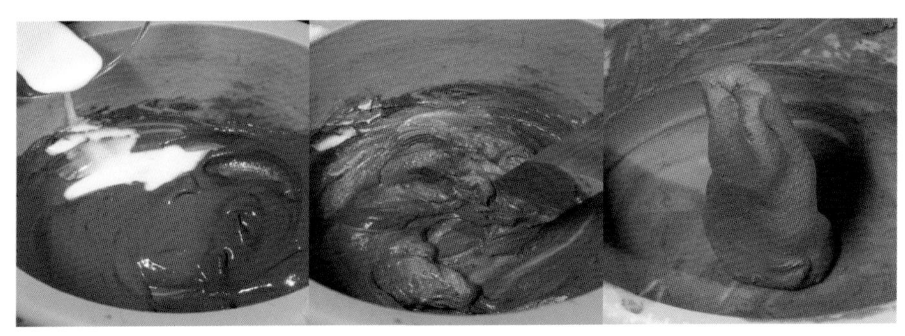

黏土的絮凝剂：石灰和水泥

为了强化土这种材料，建筑工地上经常会为其添加一些黏土以外的黏结材料，比如石灰或水泥。石灰和黏土间会发生化学反应，能产生另外一种坚固的“水泥”，但这个反应的过程相当漫长。在这个反应之初，一个物理现象已经发生：石灰可以将黏粒聚集在一起，这有点像盐。也就是说，在黏土和水的混合液中加入一点石灰，会加快黏粒的絮凝和沉淀。就像我们通常会在水井里加些石灰来让水更加清澈一样。所以液态的黏土泥浆加入石灰也可以成为塑性状态［实验 1］。加入些水泥也能产生同样的效果。但添加了石灰或水泥的土需要耗费更多的水才能在流体状态下使用。

增塑剂与水泥自流平

一些工业材料，比如陶瓷或混凝土，在加工过程中常会添加一种名为反絮凝剂的产品，用于改善制成品的品质。如果想让现浇混凝土实现高品质的自流平或自密实，这种添加必不可少。这些添加剂名称很多：反絮凝剂、分散剂、还原剂、减水剂、增塑剂。它们的意思差不多，都是用来使水泥颗粒保持良好的分散性或流动性。和黏土类似，水泥也是以微粒聚集的方式锁住水分。所以，防止絮凝非常必要。也就是说，打散其内部的黏结，通过释放出水而不是添加水，使混凝土变得更具流动性。然而这也会有加剧沉淀的危险。不同于黏土，水泥的颗粒不是胶体，沉淀很快。为了阻止这种现象，还得在搅拌中加入一种弱胶凝分子，以便使其获得前文提到过的类似“酸奶”的特性［p.168］。

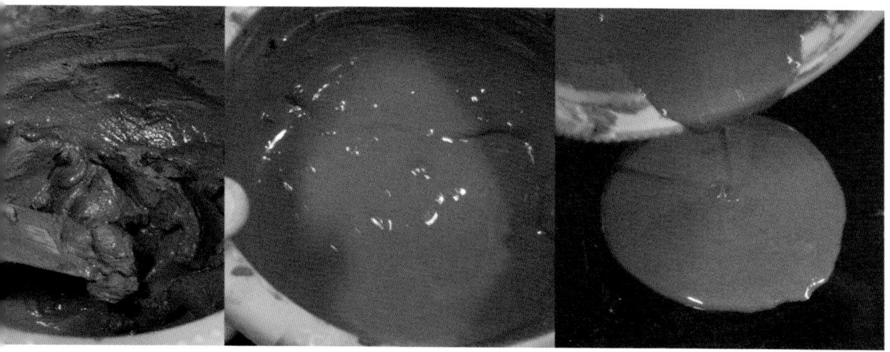

↙
实验 1
将石灰浆倒入黏土泥浆充分搅拌。尽管加入了微量的水，但黏土也会很快从泥浆状态成为塑性状态。

↑
实验 2
在塑性状态的黏土泥团（事先拌进适量石灰）里加入分散剂，黏土就会变为液态泥浆。这样的土在干燥过程中不易开裂，因为水的含量很少。

↓
现在将实验室的成果延伸到实际的工地里。图的左上角是一堆拌好的集料。右下角是同样的土料因拌入少量分散剂而开始变稀，而这两种状态下，水的含量并没有变化！

使黏土变稀

这种逻辑是否也能应用于土材料呢？我们已经知道，黏土泥浆可以戏剧性地根据水中溶解物的不同，呈现不同面貌。在自然界中，黏土通常以聚集的块状存在，其 pH 值通常在 5~7 之间。当其 pH 值升高，比如通过添加氢氧化钠作为分散剂，在几乎没有液体添加的情况下这些黏土块就能分解。但氢氧化钠却无法和盐、石灰或水泥相容，而且这几样东西还会使已经分散的黏土泥浆絮凝。所以得选择其他一些更有效的分散剂。比如，因加入石灰而絮凝成的黏土泥团可以通过添加混凝土用的增塑剂来恢复成液态［实验 2］。这时的土材料具有可以用来现浇的流动性，这种只需要少量水的新型黏土混凝土在干燥中不会开裂，干燥后密实而且坚固。

III 技术

黏土混凝土自流平

韩国木浦大学的研究者们目前已经可以实现现浇土的施工。这种工艺的发展借鉴了很多今天混凝土工业的成果，比如水泥自流平工艺［p.116］。这一技术之所以成为可能，一方面是因为对材料粒度构成的完美控制，另一方面得益于水泥分散剂的使用。这些技术要点同样适用于土材料，它能让我们制造出天然的“黏土混凝土”。

也就是说，土现今也可以像混凝土一样施工，倒入对应的模具就能建造地板、墙甚至室外地面。它还可以像钢筋混凝土一样，配合钢筋的使用强化其材料性能。更加令人鼓舞的是，它完全可以适应整套的混凝土施工设备，这能保证工人更容易、更快速地掌握这种已经不为人熟知的传统材料。

↑
韩国木浦大学的研究者们向观众展示现浇黏土混凝土自流平的施工过程。

↑
像水泥自流平一样，一把简单的扫帚就能将黏土混凝土摊平。

→
在这个地面施工的现场，土被混凝土搅拌车运来，并倒入已经完成布筋的混凝土模具中。

↑
这个建筑有着所有钢筋混凝土房子的特征，除了没用水泥！它以现浇土的方式完成建造，用的是与现浇混凝土同样的施工方法与工具。

↓
像混凝土一样，振捣棒使现浇土更加密实。

↓
抹子的使用可以帮助现浇土平整光滑地摊开。

↓
施工完成的地面。

水泥：可否被替代？

全世界 5% 的二氧化碳排放量来自水泥产品，这部分排放里又有 60% 来自制作水泥的主要原料——石灰石的煅烧过程。国际上很多研究机构在持续关注这一问题，并期望能够找到某种替代方式，从而抑制温室效应。

奇怪的是，生产水泥过程中的二氧化碳排放主要来自对所需原材料的加热，这些原料主要是黏土（或某种硅石）和石灰石。从古罗马混凝土到波特兰水泥，从生土混合石灰到一系列新的“生态混凝土”，虽然它们的配方不太一样，但成分基本相同，得到的也是同样的东西。总之，在过去的两千年间，水泥并没有什么根本性的革新。石灰石的煅烧和全球气候变暖的问题仍然存在。

那么，通过在分子层面弄清楚混凝土黏结力的原理，我们能否找到一个解决方案呢？简单地说，为什么水泥粉末与水混合就能牢固地黏结在一起，哪怕是在水里，而黏土在水里却成了稀泥？也许正是对这一现象的理解，使混凝土力学性能的研究取得了巨大的进步。

←
生产一吨的水泥会在大气中产生大约一吨的二氧化碳！一座水泥厂排放的二氧化碳主要来自两个方面，首先是原材料加热需要不断地将温度升高至1400°C~1500°C之间，其中，因石油的使用而产生的二氧化碳占 40%，剩下 60% 的排放则来自石灰石的煅烧。

水泥简史

大量令人印象深刻的古罗马遗迹证明，当时的混凝土已经十分坚固而且耐久。它的制作工艺和现代的波特兰水泥比较相似，都由对黏土与石灰石的分别或混合加热得到。黏土和石灰间产生的化学反应使得生土与石灰混合后能够硬化。总之这些都反映出这两种材料在物理化学特征方面的历史与亲缘关系。

气硬性石灰

自然界中有些石头经过焚烧和研磨后，所产生的粉末遇水后会变得坚硬。比如，石灰石在加热至 800° C 左右时就变成石灰。石灰作为建筑材料历史非常悠久。古希腊人很早就发现石灰混合水后接触空气就会变硬，所以常用石灰与砂混合制成砂浆。其变硬是石灰与空气中的二氧化碳反应的结果：产生碳酸钙（$CaCO_3$），这是构成蛋壳、石灰石或白垩的主要成分。石灰的产生和硬化过程是一个从石头又回到石头的循环：煅烧石灰石能使其向空气中释放二氧化碳，而石灰在硬化的过程中又能够吸收空气中的二氧化碳，并重新成为石灰石。因此，尽管石灰石的煅烧过程会消耗不少能源，但石灰仍被看作是一种生态材料。

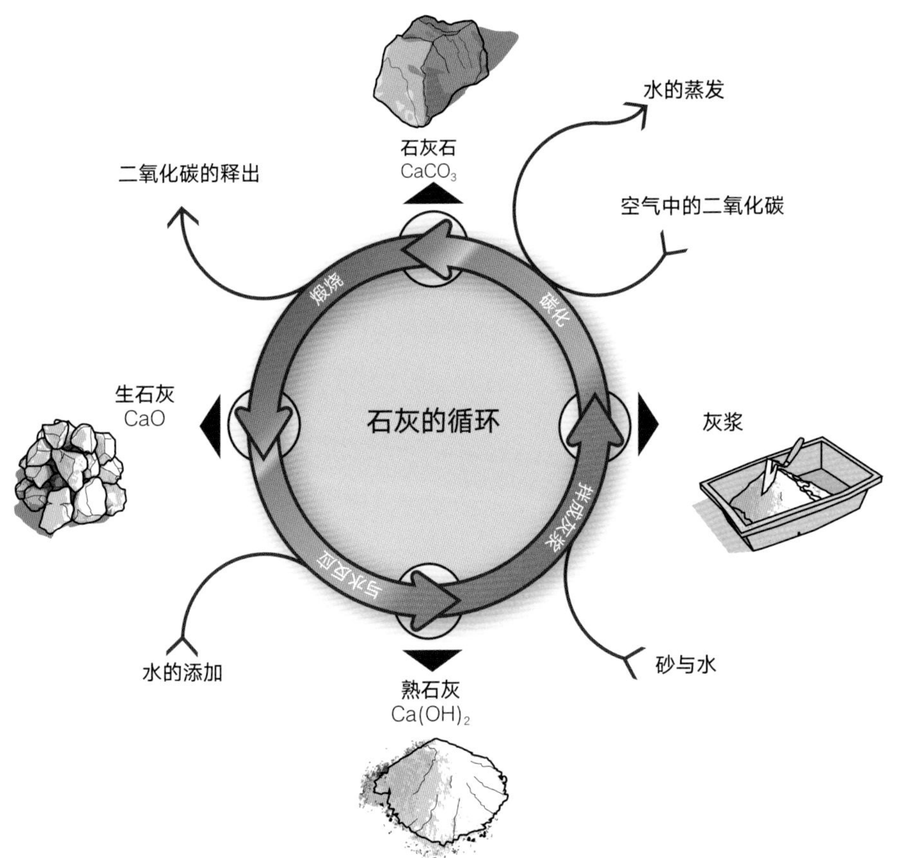

←
石灰的硬化过程作为一个从石灰石回到石灰石的循环，可以分为四个阶段。天然石灰石加热释放二氧化碳：这是个通过煅烧“脱碳”（décarbonatation）得到生石灰的过程。在生石灰中加入水后，水分子会改变其原子结构，生成熟石灰。再在其中混合砂和水，就能制成常用来给建筑抹面的灰浆。这个灰浆会和空气中的二氧化碳反应，碳化并最终硬化，重新成为石灰石。

→
古罗马混凝土被认为是最早的水硬性胶凝材料，是建筑史上一次重要的材料革命。罗马万神庙是其代表作，实现了直径 43 米的古代世界最大穹顶。

古罗马混凝土的秘密

遗憾的是，石灰在一面厚实的墙体内部，不与外部空气接触的情况下是没法最终碳化并硬化的。所以它的用途多数还是建筑的抹面。古罗马人通过在石灰中加入砂和碾碎的烧结砖来改善这一材料，就此创造出了最早的可以与水起化学反应而硬化的、优质的水硬性胶凝材料。这样制成的混凝土非常坚固且耐久。但后来，这种技术却消失了几个世纪。直到中世纪时，建筑师和博物学者们试图参照维特鲁威与老普林尼留下的文字记述，在石灰中混入烧结砖粉末来制作混凝土，却没有获得成功。其原因一方面是当时制砖的窑口质量不高，无法提供所需的烧造温度，另一方面是古罗马时烧结砖制作所使用的是一种特殊的黏土（高岭土）。其实古罗马人并不确切地明白究竟是什么混合物与石灰产生了特殊的反应。现在我们知道这种混合物其实是偏高岭土（metakaolin），一种结晶度较差的脱水高岭土。它与石灰和水一起反应就能产生特别的胶凝材料：水化硅酸钙（CSH）。这个化学过程被称为火山灰反应［p.191］。

波特兰水泥的发明

1818 年，也许是为了寻找古罗马混凝土的秘密，法国工程师路易斯·维卡（Louis Vicat）将石灰石与黏土混合后加热，当温度升至 1200° C 时，一种新的胶凝材料诞生了：波特兰水泥。后由英国人约瑟夫·阿斯谱丁（Joseph Aspdin）命名，并在 1824 年首先申请专利。其由于颜色类似于英国波特兰岛上的石头而得名波特兰水泥。这就是今天我们常用的水泥，与水反应生成水化硅酸钙，它与古罗马混凝土有着相同的黏结力。尽管配方有些不同，但原材料是一致的（石灰石与黏土）。

生土

其实在生成水化硅酸钙的火山灰反应中，与石灰接触并加热黏土并不是必要的。石灰也可以和生黏土直接起反应，使土硬化。但是，缺少加热环节，这个反应的过程会非常缓慢：水化硅酸钙开始生成也要等到几个月以后，整个过程会持续一年，甚至更久。若想获得很好的力学强度，一般用高岭土最好，其次是伊利石或蒙皂石。尽管在土材料里，一部分石灰会和空气中的二氧化碳反应生成石灰石，但材料的硬化过程主要还是来自石灰与黏土之间的火山灰反应。总之，不论是古罗马混凝土、波特兰水泥还是借助石灰而变硬的生土，其基本逻辑都是一样的：黏土中的氧化硅与石灰石中的氢氧化钙发生反应生成水化硅酸钙。

火山灰、石灰与水泥

↙ 意大利维苏威火山灰的沉积物与气硬性石灰所发生的化学反应能产生一种水硬性的胶凝材料。这一反应也叫火山灰反应。

自然界有些土壤，比如火山灰，其中含有一些特别的矿物质，能和石灰起反应。古罗马混凝土的坚硬正是源自这种化学反应，而制作的秘密则取决于天然或人造火山灰的品质。今天，很多研究者利用这个反应研制出了多种新型水泥。让我们来看看其中的一些细节。

↓ 二氧化硅的工业烟尘与废渣就是一种人造火山灰。这些微小的球形颗粒大小不一，但都小于一微米，由无定形硅构成，极易与石灰产生反应。

↘ 这些被称作植硅体的微小矿物颗粒有着不同寻常的起源：它们是由植物遗骸产生的一种合成矿物质。它的灰烬与水和石灰混合也能用来制造水泥。

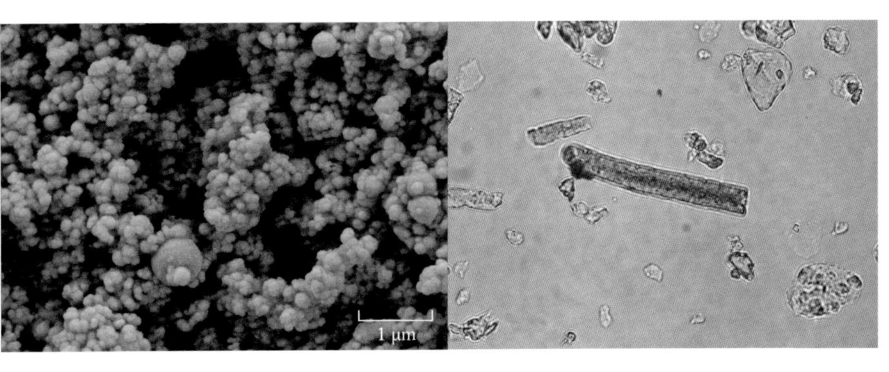

火山灰

黏土，不论生的还是焙烧过的，与石灰一起遇水后，都能够生成一种可以硬化的水硬性胶凝材料。但在火山灰反应中与石灰起反应的并非只有黏土这种矿物质，还有一种含硅的非常细小而分散的物质。它们颗粒极小，其内部呈现为一种不规则的原子结构，这些特征能使反应的效果更好。火山灰（pouzzolane）就是这样的物质，这个专有名词源自意大利维苏威火山旁的波佐利市（Pozzuoli）的名字。火山土壤通常都含有这种化合物。这些熔融的物质，由于冷却得非常快，所以在结晶的过程中来不及形成规则的原子结构。

硅藻

硅藻是一类微小的海洋生物，借助硅质甲壳来保护自己，是这个星球上远早于人类的第一批玻璃制造者。它们死去后，这些硅质的微粒会大量积聚在水底，有朝一日露出水面时，就是我们常说的硅藻土沉积层。与石灰接触时，这些硅质的反应物也像火山灰一样能够制造真正的水泥。

↑
硅藻是一种有着硅质保护层的单细胞海洋生物。大量的硅藻经过沉积与地质变迁可以成为硅藻土，是一种非常好的“火山灰”。

二氧化硅粉尘

有些工业废渣也是一种人造火山灰，比如二氧化硅的烟尘，由直径都小于 1 微米的颗粒物构成。这些微小的颗粒是生产高品质混凝土的关键，它们不仅能填补最细小的空隙 [p.116]，还能在水合作用时与水泥中释放的石灰反应。它们的高反应性得益于超小的体积，这意味着它们有更多用于反应的接触面积。

“植物岩”

植硅体（phytolith）也称植物岩，这个名词是希腊语中植物“phyton”与岩石“lithos”的组合。它是由二氧化硅在植物的细胞内和细胞间沉积而产生的一种矿物质。植物可以通过根吸收土壤中溶解在原硅酸 $Si(OH)_4$ 中的硅，并沉积在植物的细胞组织中。一种植物内植硅体的含量取决于其科属和所在的土壤。比如，稻壳中就含有大量植硅体。经过燃烧所产生的灰烬 90% 是无定形二氧化硅，这种可循环的材料可被当作火山灰用来制作水泥。在亚洲尤其是印度，人们通常会使用这种方式。

关于二氧化碳

为了减少对波特兰水泥的依赖，生产更加生态的新型混凝土，如今很多研究在围绕偏高岭石展开，这是一种用罗马砖研磨出的熟黏土。在硅酸盐水泥的庞大家族中，从罗马混凝土到波特兰水泥，都是通过生土或各种自然与人造的火山灰来与石灰反应，目的只有一个：制造水化硅酸钙（CSH）这种硅酸盐与钙的水合物，也就是将土壤中自然形成或来自工业废料中的硅化物与石灰石中的钙结合。在所有类似波特兰水泥的配方中，火山灰反应都替代了传统的石灰碳化过程。而后者在生态上的优势是可以回收在煅烧石灰石时排放在空气中的二氧化碳。虽然尝试了各种不同的方法，但目前我们对波特兰水泥的使用仍无法被替代，而火山灰反应还不具有限制气候变暖的效果。不管怎样，这种方式仍取得了一些进步，至少煅烧所需的温度如今已经降低了不少。

技术

地聚合物：罗马混凝土的变种

近三十年来，一种新型的地聚合物混凝土开始为人所知。它的优点是制造过程中不会排放二氧化碳到大气中。另一方面，它能够在较低的温度条件下获得。根据它的制造原理，我们可以将其看作是罗马混凝土的一个变种。

重新变成石头的黏土

在地表，构成岩石的某些矿物质会在自然状态下转化成黏土，比如长石花岗岩就可以产生高岭石。在这个过程中，二氧化硅和氧化铝组成的四面体三维结构会分解为层状结构，而这正是黏粒的结构特征。这一反应也可以逆向发生，使黏土重新变成石头。比如，高岭石在 450° C 时会先变为准埃洛高岭石粉，然后拌入烧碱，再以不高于 100° C 的温度加热，它就会凝固变硬。此时黏粒薄片组成了一种玻璃质的三维结构，具有水泥或多孔陶瓷的特性。这种黏土的低温化学焙烧被称作地聚合反应（géopolymèrisation）。

地聚合反应，化学的新分支

这种新型水泥由法国化学家约瑟夫・戴维德维斯（Joseph Davidovits）于1972 年发现，但他为人所知却是因为那些有关埃及金字塔的论战。约瑟夫认为金字塔的建造使用的是一种模制的人工合成石材。他参照源自石油的碳基化合物的聚合反应，创造了“地聚合物”（géopolymère）这个术语，为的是建立起一套新的塑性材料化学体系。塑性材料是一种坚固而致密的物质，由微小的有机分子彼此通过化学连接构成，我们称为聚合作用。地聚合反应也是以同样的方式发生，微小的矿物颗粒会在某些条件下结合在一起，从而生成各种类型的矿物黏结材料。

火山灰反应与地聚合反应

地聚合反应与火山灰反应很类似，因为大部分能与石灰发生反应的火山灰和钠或钾的氢氧化物也很容易发生反应。所以大致来说，这个新的化学分支在某种程度上使石灰被氢氧化钠或氢氧化钾所替代，但也保留了那些基于二氧化硅的天然或人工的活性矿物粉末，比如偏高岭土、植硅体、硅藻，等等。这些成本低且品种多的原材料让众多研究者认为，地聚合物是波特兰水泥可能的替代物。但其具有腐蚀性，在工地使用风险很大。

古代的地聚合反应：是真是假？

“金字塔由假石头建造的调查与科学证明”这个标题出现在2006年12月的《科学与生命》（*Science et Vie*）杂志上，再次引起了世人对古埃及金字塔建造之谜的关注。文章记述了一个特别的实验，这个实验也被拍成了影片《他们建造了金字塔》，由地聚合物混凝土的发明者约瑟夫·戴维德维斯制作。在这部影片中，约瑟夫展示了如何在常温状态下通过使用石灰、碳酸钠（自然矿物，金字塔周围也有发现）和高岭土（黏土）产生的地聚合反应，来制作一种合成石材。在镜头前，一组演员扮成古人的样子，将潮湿的拌料在模具中混合夯实。碳酸钠与石灰反应生成了氢氧化钠，它随后又与黏土反应，最终成为地聚合物水泥。然而，这个观点并没有得到科学界的普遍认同，因为尽管这些夯制的水泥块确实像石头一样坚固，但考古证据显示金字塔的石块表面经过了精心的切割。虽然如此，“假石头”支持者的信心并没有受到打击，尤其是根据对遗址上石材微观结构的最新研究，这些石块与天然石灰石的化学构成的确存在微妙的差别。

黏土与水泥的相似与不同

土与水泥混凝土类似，都是由一种颗粒物黏结其他颗粒组成的材料。对土来说，起黏结作用的颗粒是黏粒，对混凝土来说，这种颗粒是水泥。它们的主要区别在于，土从干硬状态到塑性状态，随着含水量的多少，是可以相互转变的。相反，水泥没法发生这种可逆的状态变化。尽管如此，水泥微粒仍然与黏粒非常相似。

↓

电子显微镜下已经凝固的水泥：在两个直径约5微米的水泥微粒间，可以看到大量纠缠在一起的细小结晶。正是这些连接在一起的结晶造就了混凝土坚固的特性。

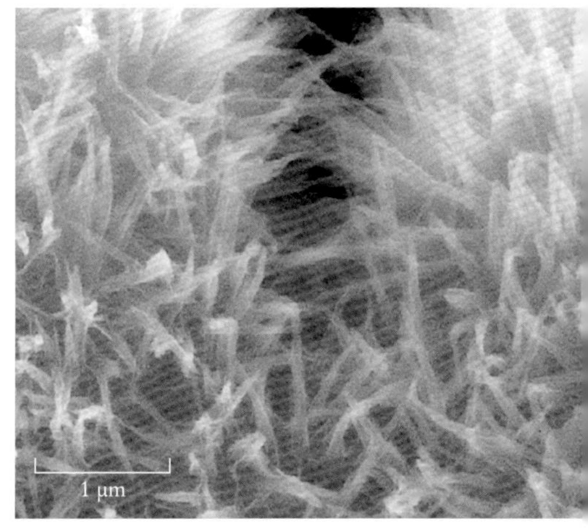

水泥的凝固

水泥的特点是遇水后会变得如岩石般坚硬。这是因为水泥粉末与水产生的化学反应生成了新的矿物微粒，并将水分子融入了其原子结构。这是水泥的水合反应。在反应发生之前，水泥微粒的形态基本近似一个球体，被水包围后，微粒会被部分侵蚀并溶解，其表面会伸出许多细小的结晶，看上去很像刺猬！随着这些晶体的生长，水泥微粒的体积会倍增，微粒的结晶最终会相互纠缠在一起，水泥也就变得像石头一样坚硬，这就是水泥的凝固。而对土而言，硬化的过程并不依靠黏粒的化学变化，只是经过简单的干燥。由此可见，土和水泥混凝土还是有明显区别的。

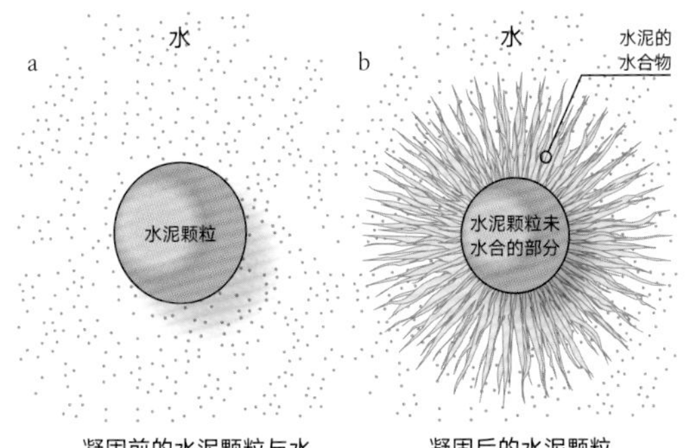

凝固前的水泥颗粒与水

凝固后的水泥颗粒

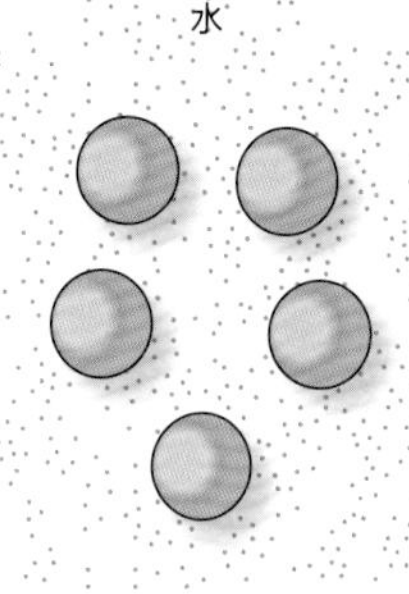

凝固前的水泥颗粒与水

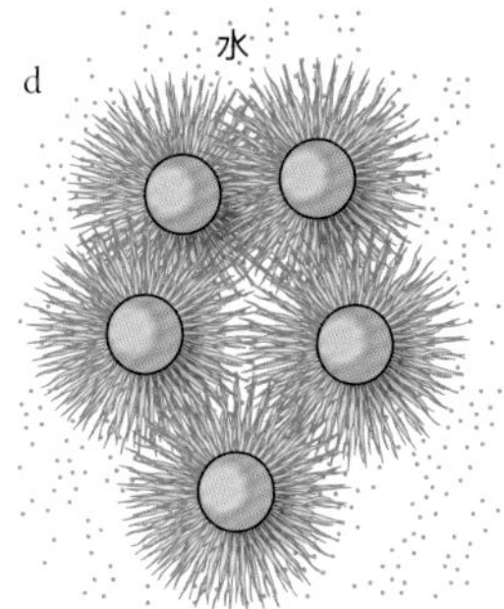

水合作用的水泥颗粒凝固后

←

与水接触后，水泥微粒会被化学侵蚀（a），表面会出现很多细小的晶体——水泥的水合物，整个微粒的体积随之倍增（b）。当多个水泥微粒在水中相遇（c），结晶最终会相互渗透，缠绕在一起，水泥也就凝固了（d）。

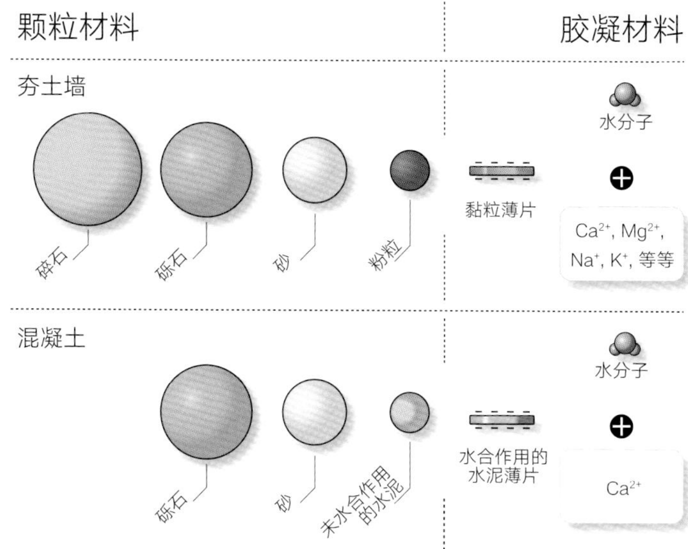

←
从构成成分来说，土与水泥混凝土这两种材料很类似，均由不同粒径的颗粒构成：土由碎石、砾石、砂粒和粉粒组成；水泥混凝土由砾石、砂和水泥颗粒组成。它们的相似甚至能延续到水泥凝固之后。凝固的水泥中，会有一部分水泥微粒不会变成水泥的水合物，也就是说这些微粒没有与水产生反应：它们的大小接近粉粒，最终成了砾石与砂之间完美的填充物。当然还有更多的水泥水合物在混凝土中真正起黏结作用。与黏粒类似，它们的尺寸在胶凝材料里也属于很小的那类，而且也会在水分子和正离子之间呈现为带有负电荷的薄片。

↓
(a) 蒙皂石微粒，一种黏土微粒。(b) 水化硅酸钙（CSH），水泥水合物的主要成分。这两张电子显微镜下看到的景象证明了两者的相似之处：都呈现为微层状结构。

a

b

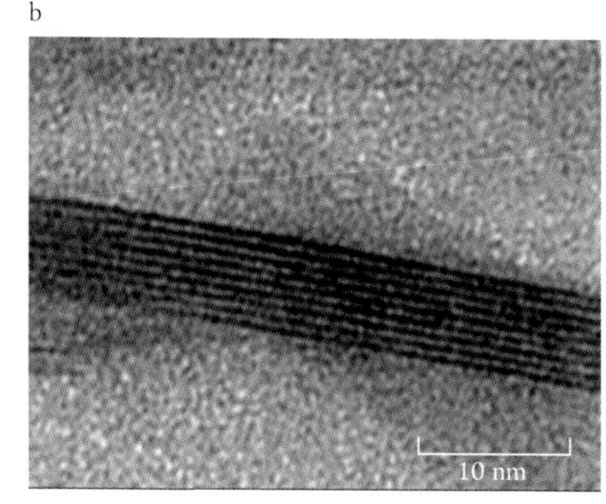

一种分散物质

然而，在 1980 年一次著名的试验中，研究者们将一块凝固的水泥研碎成粉末，再压实，它们竟然又牢固地黏结在一起，坚硬如初。这样看的话，水泥块也只是一种分散的物质，其黏结力取决于其不同微粒间的黏附现象……有点类似黏粒土的黏结块方式。那么水泥和黏粒土之间，是否其实也没有那么大的差别呢？

水泥的水合物

水泥的凝固是一个复杂的化学反应，至今人们也没有完全明白为什么。“水泥水合物”这个词实际上是水合反应中生成的各种物质的总称。其中最重要的水化硅酸钙（CSH）我们已经有所了解 [p.189]。混凝土的主要黏结力就是依靠它，它是水泥中真正的黏结剂。它与膨胀性黏土（蒙皂石）极其相似，它们的微观结构均呈现为微小的薄层状，纳米级厚度的薄层间都存在着一层水膜。而这两种薄层的表面也都带有负电荷，与水中的正离子相平衡。

分子级别的一个新领域

如何解释蒙皂石黏土在水中会膨胀，而水化硅酸钙在水中会收缩并开始凝固？这个问题还没有答案，尽管微观结构差异很小：蒙皂石所带有的负电荷没有水化硅酸钙那么多，且比较分散。这种表面的属性会使其成为没有什么凝聚力的泥浆，而水化硅酸钙这种材料却又坚硬如铁！弄明白这个现象背后的原因是现今研究者们关注的要点，因为其意义非比寻常，比如黏粒在分子层面的细小改变将会大大改善土材料的强度。以同样的方式控制水化硅酸钙微层表面的相互作用，水泥混凝土的力学性能也将显著地提高。挑战已经开始！

自然的榜样

大自然有着无与伦比的能力，总能用尽量少的能量来创造惊人的材料。以蛋壳为例，相对于厚度来说，它有着非凡的强度。又比如我们的骨骼，所有这些矿物材料的合成都发生在常温的状态下，并不需要加热。这都是新型生态水泥研发与制造的灵感来源。

还有一些与土有关的罕见现象同样令我们震惊。某些特殊的土壤只要接触空气就开始硬化，如石头般坚固。这种石化物有着水泥凝固后的所有特征，但这种变化的原因和机理我们并不清楚。我们能否控制这个现象并用来创造新材料呢？

最后，黏土常常与源自动物或植物的有机分子相互作用，产生非常坚固的材料，比如蚁丘。不仅动物们以这一方式对土材料加以利用并改造，世界各地的人们也在以各自传统的方式，用土和其他有机自然材料相配合进行建造。这些土建筑的传统里，隐藏了很多自然材料创新的秘密。比如用泥浆和一点牛奶，就能制成一种材料，强度可以接近质量不太好的混凝土！这些还未被完全理解的经验值得我们更加深入地研究。

←
这个独特的土堆是蚁丘，高度可达几米。其材料构成含有多种自然物质，不仅坚固，还能抵抗雨水的侵袭。

蛋壳

→
母鸡如何做到在常温下让石灰石变成蛋壳？要实现同样的效果，人类得将石灰石加热到800° C以上。

为了得到石灰或水泥类的黏结料，我们得消耗大量的能源，将石灰石加热到800° C~1500° C，而母鸡能在常温的情况下，制造出蛋壳这种真正的石灰石水泥。为什么？生物界充斥着大量这样的例子：不论植物还是动物，都能使矿物质生成各种不同的组织，却不需要加热。我们是否能从这个生物矿化的现象中有所收获呢？

微型混凝土加工站

为什么母鸡总吃小砂粒？原来这些砂粒一旦被吞下，就会被储藏在其嗉囊里，一个用来磨碎坚硬颗粒物的地方。作为主要原材料的这些小颗粒从这里开始被用来生产蛋壳。和水泥类似，这些原材料也是由矿物质组成的，化学成分是白垩和石灰石，也就是碳酸钙（$CaCO_3$）。母鸡吃下这些石灰石，将其分解并重新化合，从而制造出一种新的石灰石材料。该过程使矿物原料被转化为一种新的可以凝固的合成石材。

母鸡的优势在于，只靠体内的温度就能有效地实现这一系列操作，而人类还得额外将原材料加热到至少 800° C。

由生物制造的矿物质

鸡蛋并不是生物矿化的个案，还有大量的生命组织能够在常温与温和的 pH 值下合成形态多样的自然矿物。硅藻能在海水中完美地将二氧化硅合成玻璃质贝壳，可我们生产玻璃时仍要将沙子加热到1500° C。海洋浮游生物放射虫只有几微米直径，却拥有精致的纯二氧化硅骨骼。还有一些微小的单细胞藻类，比如颗石藻类（Coccolithes），是钙质骨骼。软体动物通常都有钙质甲壳。而人体也能制造含磷质的骨头和牙齿……

这些生物矿化的过程始终吸引着化学家们进行模仿。比如硅藻在海水里以硅酸的形式从二氧化硅的溶解中来制造玻璃，这与人类已经使用了几个世纪的用火制造玻璃的方式正相反。化学家们也开始更多地在水介质中尝试新的可能，因为在水介质中，物质的转换能够以相对温和的温度完成。这种化学方式也尤其适用于制造新型的低能耗水泥。

细菌水泥厂

另外，生物科技也是一种研究角度：利用生物来制造水泥。自然界有很多岩石实际上源自生物体，比如白垩就演变自大量的颗石藻类沉积物。如果这些单细胞组织能生成自然界的岩石，那么我们的研究者们为什么不能用它制造出新型的生物水泥呢？

在常温和自然 pH 值下转化矿物质这种不寻常的能力如今已经被使用在石砌的建筑里。法国历史建筑研究实验室（LRMH）已经开发出一种利用生物矿化现象对建筑进行加固的技术，用蜡样芽孢杆菌来合成方解石——一种以矿物膜的方式起到保护作用的水泥。这个方法正借助另一种细菌的使用在不断地被优化，用来制造真正的人造砂岩。在该领域领先的是一家荷兰机构针对砂性土“原位修复”（in situ）技术的研究。

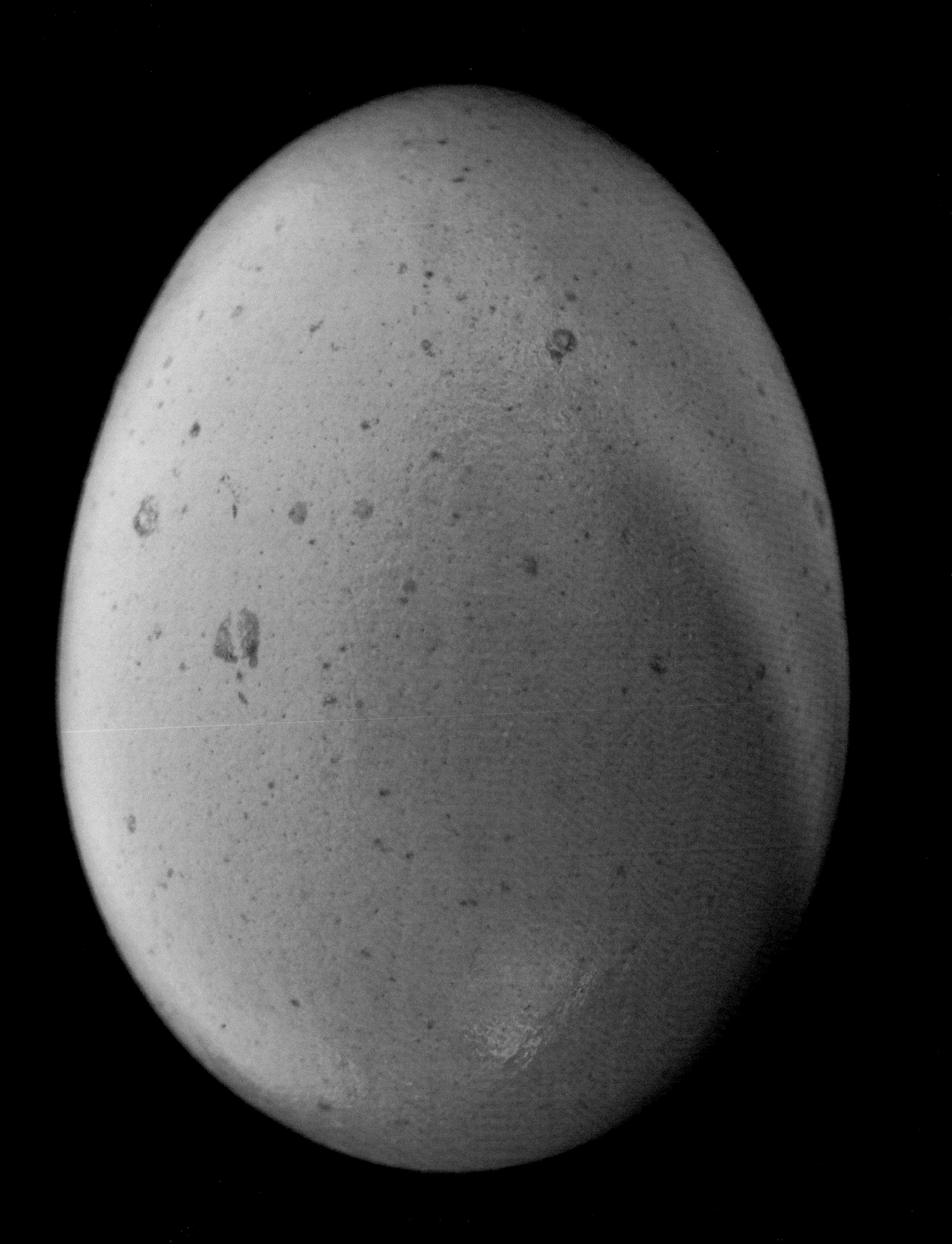

实例

生物矿化

很多生命体本身就是伟大的建筑师，总能将矿物质合成理想的结构。这些特别的石头只借助微小的能耗，在常温下就能被制造出来。为什么不借鉴生物矿化这种神奇的方式来研制新型的生态水泥呢？

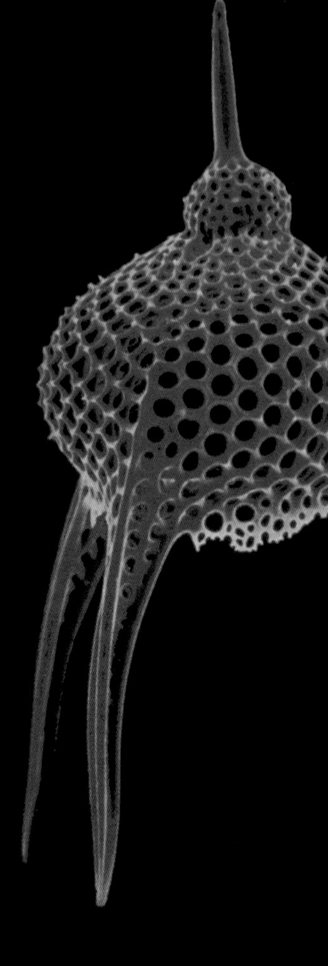

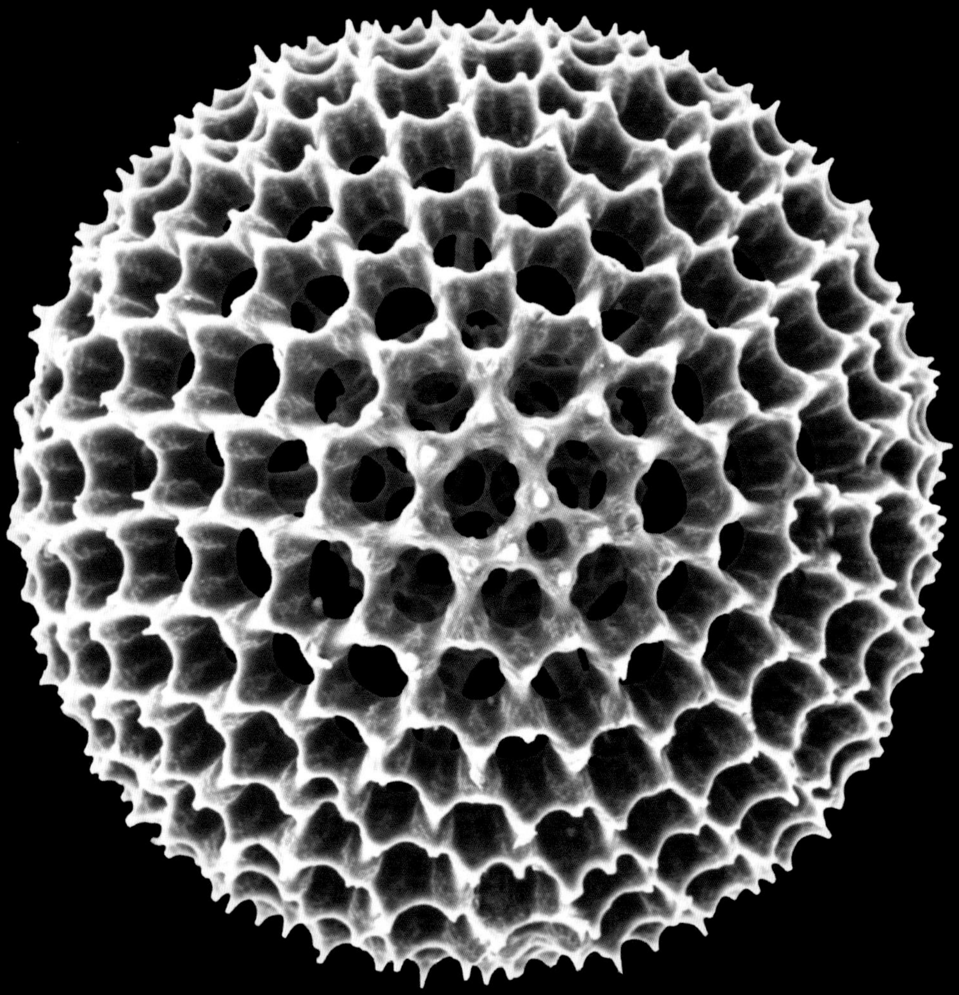

←
放射虫，海洋中的一种浮游生物，有着结构精美的二氧化硅骨骼。由无数六边形和五边形组合成一个只有几微米大小的球体：其几何算法与经典的黑白足球完全一样。

硅藻是海洋中的一种单细胞生物。它们能通过海洋中沉淀的二氧化硅生成极细小的玻璃质壳体。

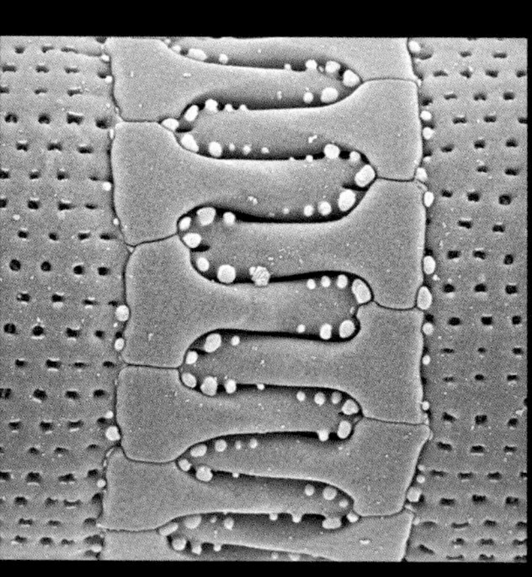

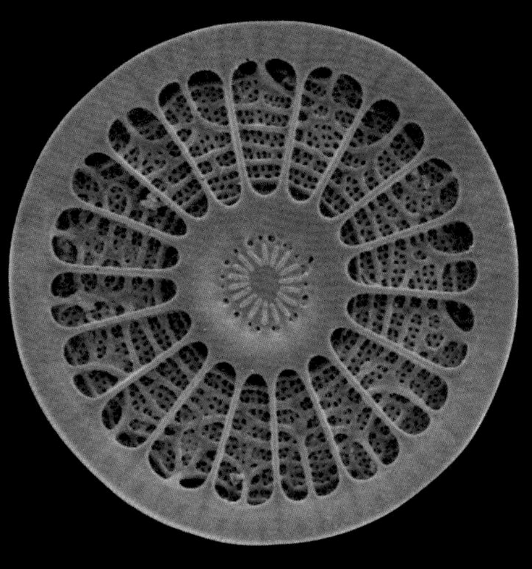

↓
颗石藻是一种类似于硅藻的海生藻类。它们能制造出方解石质的甲壳，并在海底产生大量的白垩沉积。

←
实验 1
这块石头也是一种红土，用榔头敲碎，加水混合后能成为有塑性的泥团。它在成分上基本是由黏土和铁的氧化物微粒组成。

→
聚铁网纹体在土层中非常特殊，它们相对疏松而且易碎。但暴露在空气中时，其表层会变得坚硬。因此它可以被很容易地成块开采，然后直接用于砌筑。

变成石头的土

在一些热带地区，红色的土壤多呈现为岩石状：它们富含铁氧化物，能形成坚硬的岩土层。这些天然的混凝土是否能为研究者们开发新型水泥提供灵感呢？

硬化与红土

1807 年，英国探险家布坎南（Buchanan）在印度观察到一种疏松的红土，当暴露在空气中时会迅速变硬，当地人用这种土来制砖。于是布坎南将这种红土命名为“latérite”，拉丁语中 later 意思为砖。

今天，红土这一概念几乎涵盖了热带地区所有富含氧化铁的红色或黄色土壤。那种发现自印度的红土就是一种富含铁氧化物的“铁铝土”，其特殊之处在于表面会硬化形成一层石头般的壳。尽管它也是由诸如高岭石黏粒和铁氧化物微粒组成的，但这种坚硬的土壤在水中却不会分散。而铁氧化物通常呈现为比黏粒更细小的颗粒，只要将这种土碾碎并弄湿，它就能轻易地变成一块具有塑性的泥团［实验 1］。所以它非常像混凝土，其中充当水泥的就是氧化铁。那么这种土能成为新型混凝土的榜样吗？

聚铁网纹体

与二氧化硅、石灰、氧化铝或石膏一样，铁的化合物也不能用来充当混凝土中的矿物黏结剂。但在这些坚硬的红土里，铁氧化物却会使黏土硬化。遗憾的是这个过程需要几百万年，而混凝土在施工现场只需数小时就能开始硬化。那么布坎南描述的那种神奇的红土呢？这种特殊的红土如今被重新命名为“聚铁网纹体”（plinthite，源自希腊语 plinthos，意思为砖），一旦在空气中暴露就会迅速变硬［对页］，这和水泥的凝固竟如此类似。

以铁氧化物来硬化黏土

在这里，大自然给出了一个非常原始的解决方案。聚铁网纹体的硬化实际上依靠的是一种氧化还原反应。由于氧化亚铁比四氧化三铁更易溶解，所以如果通过与空气接触的氧化作用，使氧化亚铁转化为四氧化三铁，这个过程中可溶解成分的结晶物就会黏结土壤中的黏粒。那么这种特殊的硬化方式是否能应用到其他所有富含铁氧化物的土壤中呢？这是个很值得进一步探究的问题，因为根据热带土壤专家伊夫·塔迪（Yves Tardy）的研究，地球裸露的土地表面有三分之一被红土所覆盖，而且有一半的人类在红土上生活。

珍珠质、黏粒与生物聚合物

长久以来，珍珠质的结构及其非凡的坚固性一直吸引着科学家们。终于在 2003 年，他们通过混合有机分子与黏土微粒，成功地再造出了这种材料。很多传统的建造方法中都有通过在土中添加动物或植物的提取物来提高土材料坚固性的做法。现代的研究则为我们理解这些传统提供了一个新的角度。

蚁丘

大自然中有很多昆虫建筑师的作品，比如这种蚁丘［对页］，是真正的可持续性建筑，坚固并且防雨，高度甚至可达 7 米。由于这些土中混合有蚂蚁的唾液与排泄物等大分子自然有机物，所以当地的人们就使用这种改良过的土，并不做什么特殊的改变，直接用于建筑抹面来抵御雨水。

神奇的配方

蚁丘的秘密其实很简单：通过有机分子将土中的黏粒物理黏结，最终使土得到加固。人们发现这一现象后，就不断地尝试往土中混合各种来自动植物的物质。配方包罗万象，源自植物的有机物质包括各种纤维（麦秸或干草）、种子、水果、树叶、树皮、树胶、树脂、植物的汁液、油脂、蜡、藻类甚至单宁，源自动物的有机物质则有牛奶、蛋类、血、角质物、骨、蹄、皮、各种动物油脂和蜡、毛发，还有排泄物如粪便、尿液等等。总而言之，每块大陆上都有各自的神奇配方！

准备阶段

使用这些配方多数都得有一个事先准备的阶段。实际上，有机物质有时是高度分级并结构化的，而且通常情况下，能够加固土材料的分子并不能够被直接使用。比如纤维素是植物的主要构成部分：细胞壁就由其构成。在秸秆或木材中，纤维素分子被纠缠和连接在其复合结构之中，因此它们没法与黏粒相互作用。所以常见的做法是先让这些秸秆在土中腐烂些日子：纤维会被部分分解，纤维素被释放后就可以黏结住黏土微粒了。

黏结剂

被选中的有机分子，比如纤维素，是通过黏结黏粒来加固土材料的，它在水中形成胶质，是一种增稠剂或胶凝剂［实验 2 和 3］。这些分子具有两个基本特征。第一个是它们足够长，能够固定住若干黏粒薄片，使它们连接在一起。所以它们尺寸其实也非常大，都属于大分子［对页］。第二个特征是其表面都带有弱电荷。多糖类的大家族（纤维素、淀粉、果胶、树胶或藻类），还有蛋白质（酪蛋白、胶原蛋白或明胶）都具有这两种特征。这些是提高土材料内部黏结力最有效的分子。

→

实验 2

这是生长在布基纳法索的一种藤本植物 vounou 的根，用石头捣烂后在水中浸泡，这些根立即就能释放出那些大分子，溶液随即变成了透明的胶质。

↓

实验 3

布基纳法索的另外一种植物 fouga 的干叶，加水搅拌后也会很快变成透明的胶质，这种天然胶常与土混合用来做建筑的抹面。

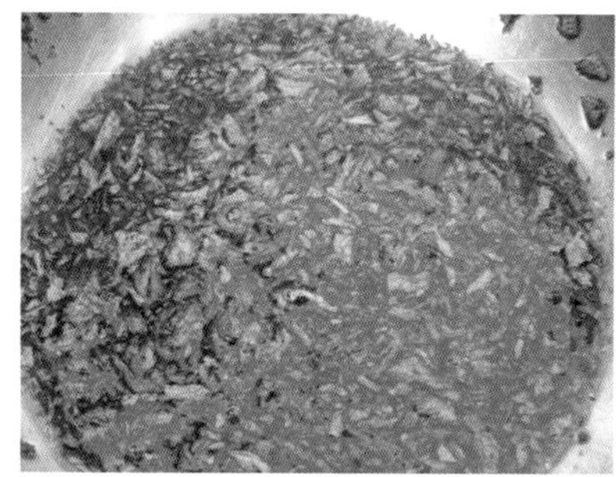

←

这些几米高的巨大蚁丘是生土与自然聚合物混合建成的，是真正的生态、可持续且坚固的建筑榜样。另外，这些蚁丘也为我们上了一节生物气候方面的建筑课：蚁丘的短边都是南北朝向，能以尽量小的表面积承受阳光的暴晒。

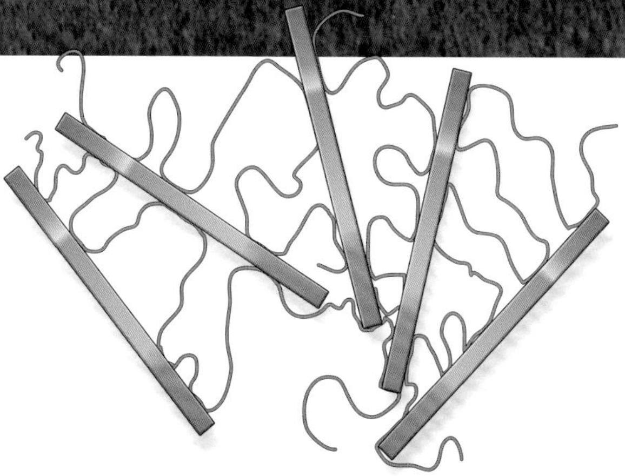

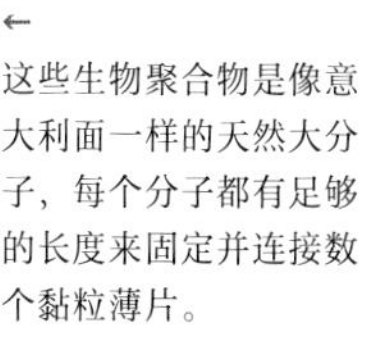

←

这些生物聚合物是像意大利面一样的天然大分子，每个分子都有足够的长度来固定并连接数个黏粒薄片。

←

马里的杰内清真寺 [p.72]，人们将一种叫 fonio 的谷物干草在阳光下暴晒几天使之腐烂，干草的纤维会部分分解，其中所含的纤维素会被释放出来，这是一种天然的胶质，将其与黏土混合后就可以涂抹在清真寺的外墙面上。

实例

多样的配方

对于制作生态混凝土来说，传统的生土建筑是一个鲜活的资料库，因为全世界的工匠们都会为了实现坚固且防雨的抹面而在土中混入一定量的自然物。

←↓
在加纳和布基纳法索，人们会用锅加热一种名叫 néré 的树的荚果，从而将其中所含有的单宁释放在水中。这种褐色的液体涂抹在土墙上，会呈现出一种光泽，而且防雨耐水。

↑↗
这口大锅中是乳木果脂，一种天然的植物脂肪，加热液化后与土混合也能得到一种很好的防雨抹面材料。

↑→
实验 4
这是两块完全浸入水中的土块，左边是纯土块，很快就会碎裂散掉；右边的则是以蛋清拌和而成，即使在水中也能保持有黏结力。

雅努斯与蛋清

分子有时可以直接与黏粒相互作用，不需要初始准备。比如蛋清，它的组成是 90% 的水与 10% 的大分子。它对于黏结黏粒非常有效，常被用来配制坚硬、防水的抹面材料：整个中世纪，它都是一种很流行的绘画用黏结剂或表面涂层。蛋清中的蛋白质含量很高，与土混合后，这些高蛋白的胶就能将黏粒相互连接固定：一块以蛋清为黏结剂制成的土块甚至浸泡在水中也不会丧失其黏结力［实验 4］。

蛋清既是一种黏土黏结剂，也能给予材料一种憎水的特征。像古罗马的雅努斯神一样，蛋白质也有两张面孔：一部分分子亲水，而另一部分憎水。所以这种蛋白质也被称为“双亲蛋白”。在土里，亲水的那部分会吸附在黏粒表面包裹的那层水分子上，而憎水的那一部分会停留在材质的表面，接触空气，在其表面形成一个憎水的面层［实验 5］。

分散黏粒，重新组织

其实，总想着怎么能让黏粒间的黏结力更强是不对的；真正的方向正好相反，我们应该去破坏这些黏粒，也就是说使它们分

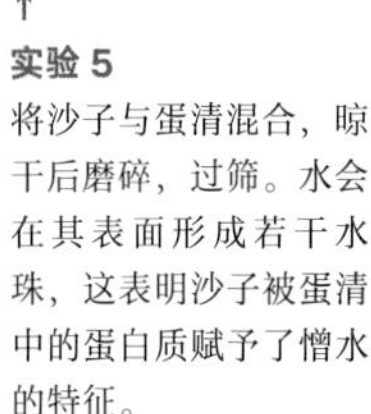

↑
实验 5
将沙子与蛋清混合，晾干后磨碎，过筛。水会在其表面形成若干水珠，这表明沙子被蛋清中的蛋白质赋予了憎水的特征。

←
这块用蛋清和成的土块有着憎水的特性：水滴只停留在其表面，无法渗入土中。

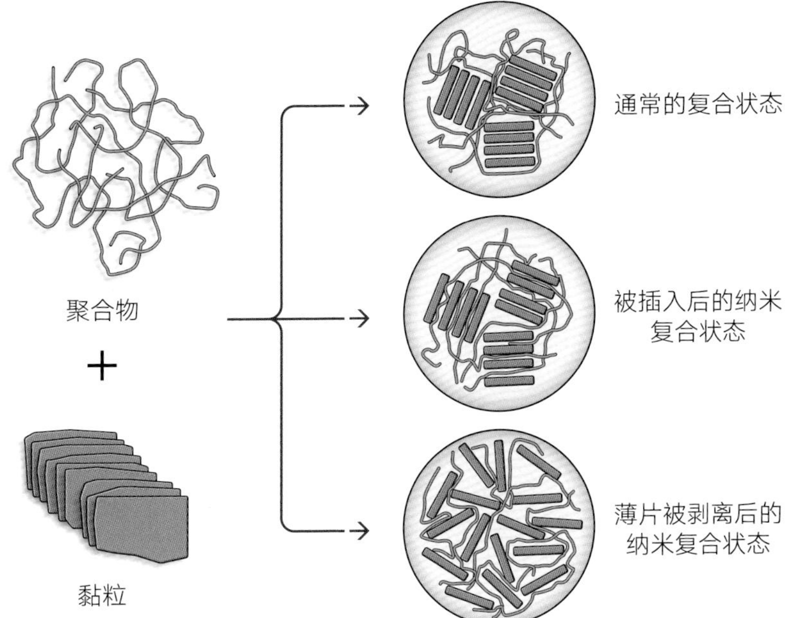

←
当黏粒与生物聚合物混合后，所得复合物的状态为有机物大分子包裹黏粒薄片组。如果黏粒薄片组被分散的话，那些大分子会逐片将黏粒的薄片包裹，从而使这种复合材料的强度大大提升。如果黏粒的薄片进一步相互剥离，聚合物则会与每个薄片更好地相互缠绕，而成为一种超强的纳米复合材料。

散开。只有分离这些聚集的黏粒，才能得到那些独立的黏粒薄片：土这时才更具流动性。这个操作可以减少在施工中拌料的用水量［p.174-175］，从而降低干燥过程中产生的裂缝和空隙所占的比例，其机械强度也会得到提升。另外，强效的分散剂在高性能混凝土中也能起到分散水泥微粒的作用。对土材料来说，这是同样的道理。

有些有机分子就可以充当黏粒的分散剂［下图］。我们已经知道在微观世界里，黏粒薄片是边与面成组地接触聚合在一起的，这依赖的是其边缘所带有的正电荷与其表面所带有的负电荷之间的连接。因此，我们可以添加一些带有负电荷的有机分子，让它们能通过吸附作用被固定在薄片边缘的正电荷上，从而使所有的薄片完全变为带有负电荷的状态：这时薄片之间就会相互排斥而分散。最好的有机分散剂通常是那些尺寸微小但表面却带有很高电荷密度的分子，比如说纤维素、木质素、淀粉的提取物，或者有机酸、单宁酸、腐蚀性酸等等。其中有些分散剂也常被添加在黏土里，用来加固石油钻探时产生的泥浆。

黏土-聚合物，一种纳米复合材料

土中加入了有机添加物后，黏土这时会作为一种基质，那些生物聚合物就成了这个基质的一种“填料”，虽然相对于基质来说数量很少，但这已经是一种复合材料了，即几种来源不同却性质互补的化合物组合。1987 年，丰田公司制造出了第一种黏土－聚合物的纳米复合材料，其力学性能远远好于聚合物本身。制造的原理很简单，就是将黏粒完全分散为独立的薄片与聚合物充分混合。但对于常规土材料来说，这个系统却相反，黏粒是其中数量相对较少的“填料”。所以只有越多的黏粒分散在塑性基质中，材料的力学性能才越好：当化合物间的相互作用发生在极其微小的尺度上时，我们就称其为纳米复合材料。如果土材料中的黏粒与有机聚合物以这样的机制相互作用，土就是纳米复合材料了，其力学性能就将极大提升。由于纳米复合材料在工业领域已经被广泛应用，相信相关研究也会在土材料的发展领域取得巨大成功。

→
(a) 黏粒薄片的边缘通常带有正电荷。
(b) 带有负电荷的小尺寸有机分子能够被固定在其边缘的正电荷上。这时黏粒薄片完全变为带有负电荷的状态，薄片之间就会相互排斥而分散。

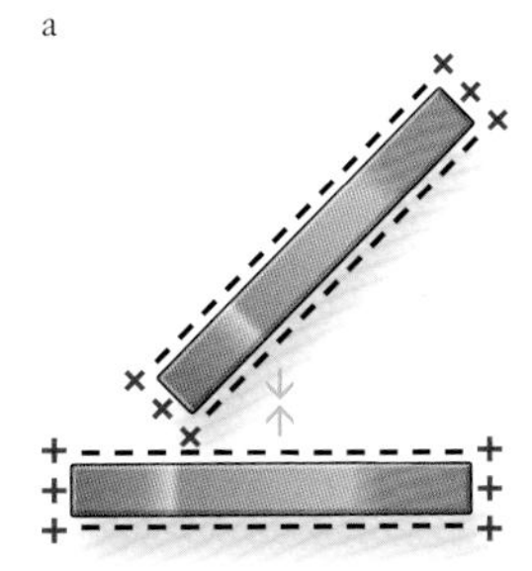

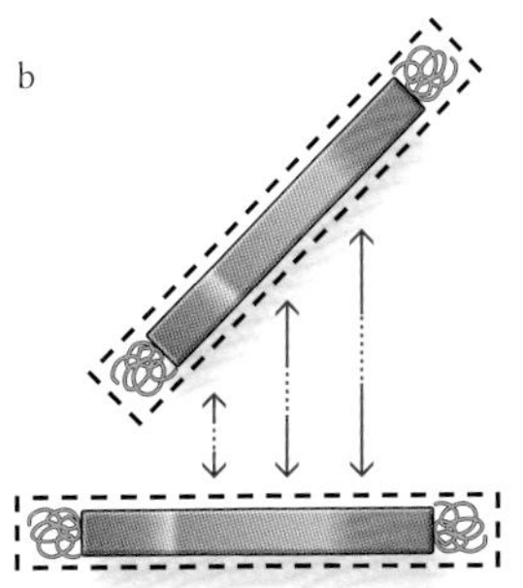

↓
珍珠质有着让人难以置信的硬度，但它也是一种分层物质。像黏粒一样，其基本结构也是由微小矿物薄片组成，这些薄片面对面堆叠在一起，周围环绕着蛋白质。它们被完美地组织在一起，形成了超级坚固的有机矿物复合材料。

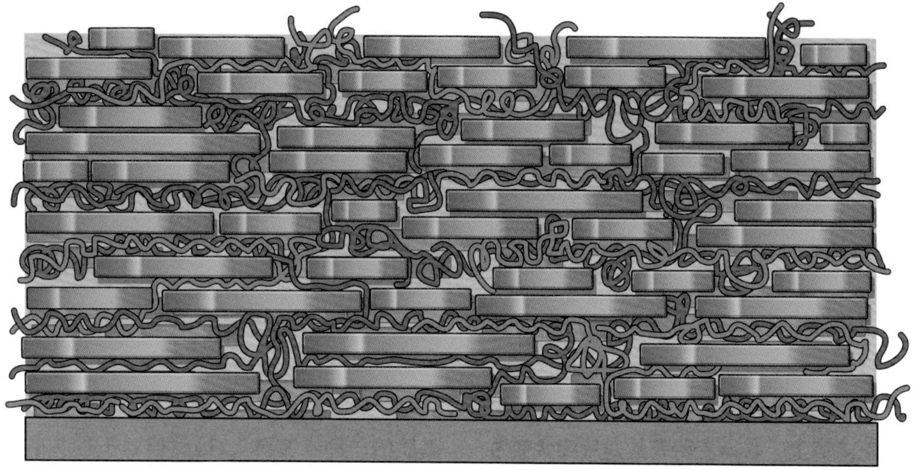

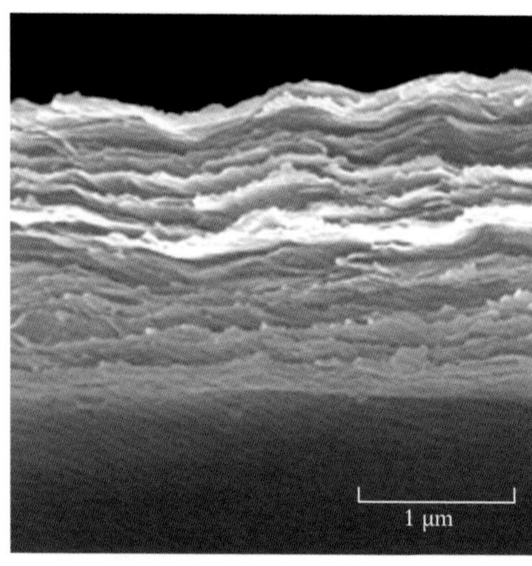

↑
2003 年，美国俄克拉荷马州立大学的研究人员通过混合有机分子与黏土微粒，合成了人造珍珠质。这一合成材料与天然的珍珠质有着类似的力学性能。

珍珠质

大自然为我们提供了一种惊人的有机－矿物复合材料——珍珠质。它由有机物成分与复合矿物质组成，结构是扁平的类似于黏粒薄片的多边形矿物文石结晶（$CaCO_3$）有序地堆叠在一起［上图］，其周围环绕着生物聚合物（一种名为贝壳硬蛋白的蛋白质）。正是这个十分严密的复合结构造就了珍珠质异常坚硬的特征，其断裂强度比文石本身高出 3000 倍。

珍珠质这个有趣的例子形象地表明了有机分子在强化土材料方面的潜力：黏粒薄片对于土就像文石结晶对于珍珠质，有机分子同样可以促进黏粒薄片更好地组织并更紧密地聚集在一起。当然，土并不是仅由黏粒构成，其他各种颗粒物在这种结构组织中也充当着重要的角色。研究人员以珍珠质这种微观结构为模型，像砌墙一样，把黏粒薄片作为砖，聚合物充当砂浆，成功合成了人造珍珠质。这种新的纳米有机－矿物复合材料的力学性能也与天然珍珠质相当！

假如在纳米尺度上构建一种完美的土材料是一种幻想，那么珍珠质的内在空间组织结构则为该幻想提供了一个切实的范本：建立黏粒薄片与生物聚合物间新的组织方式。它展示了黏土－聚合物之间具有非凡黏结力的可能。总之，只要紧密混合最常见的矿物成分（黏粒）与最常见的动植物成分（生物聚合物），就能够得到既坚固又完美的环保材料。大自然再一次为我们上了一堂精彩的结构课。

↓
贝壳呈现出的虹彩反光来自其表面的天然覆盖物，即以坚硬而闻名的珍珠质。

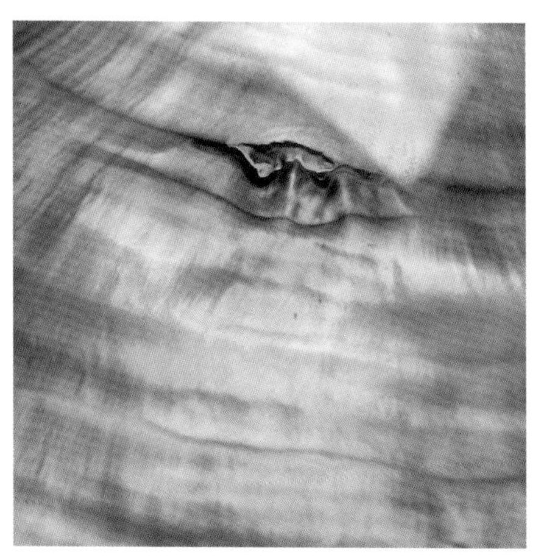

↑
自然状态中（a），黏粒薄片组状态为随机堆叠，类似于一堆不稳定的片岩（b）。而构成珍珠质的文石薄片则是非常有组织地叠加在一起（c），就像精心砌筑的片石墙一样（d）。所以，对于一种分层材料来说，坚固与否首先取决于其成分的空间组织结构。

后记

"形式有终，但物质不灭。"

加斯东·巴什拉（Gaston Bachelard）《水与梦》[1]

智慧有着多重属性：引领我们进入逻辑迷宫时，它是理性的；为我们透露真相的蛛丝马迹时，它是感性的；而将我们纳入万物的法则并保持和谐时，它又是文化与自然的。那么土建筑的智慧是哪一种呢？这是本书提出的问题，但答案并不简单。土建筑有着无可比拟的经济性，所用的原材料是一种几乎遍布世界的资源，这也使全世界出现了各种独特的土建筑类型，它向我们所有人提供了有时非常大胆，但总能与环境和谐共处的创造性方案。

对多数人来说，本书无疑会是一个特别的发现，因为土建筑目前还处于一个被忽视，或者至少是被低估的状态。在所谓的发达国家里，没有多少人知道全球半数的人们仍在寻找安身之所；没有多少人知道从安第斯的海岸跨越撒哈拉以南的非洲直至亚洲，大量的城市是以土造就的；也没有多少人知道法国很多的城市与乡村至今仍存留着不少土做的住宅。这些建筑所蕴含的美丽与胆识不应消失和屈服于大都市的傲慢。作为旅游目的地，不断增加的游客反映了那些居所、谷仓、城堡甚至整个城市"毋庸置疑的美丽"[2]的吸引力，但却很少有人能真正超越对建筑在雕塑造型层面的欣赏。当然，这些欣赏的背后，也确实带来某些积极的变化，就像对于地球可持续发展理念的普及与思考：我们这个"太空飞行器"应该更好、更持久地被照顾。[3]本书的视角为那些迫切需要解决的问题，比如居民数量庞大并持续增长的贫民窟，提供了一个可行的方向。

伯纳德·鲁道夫斯基[4]（Bernard Rudofsky）在《非正统建筑》里描述说："所有的乡土建筑材料中，土无疑是最具象征性的。"它挑战并使我们反思那些用来打造现代社会的所谓"先进"或"高性能"的建筑材料。土这种黏土混凝土拥有惊人的潜力，但对于建造所谓的"艺术品"或各种基础设施所用的水泥混凝土来说，它们并非竞争关系。最优秀的建筑师已经向我们展现了土在正确的住居方式中的作用，它一方面能实现我们对舒适与美学的追求，另一方面也能完全满足我们对既生态又现代的渴望。

大自然将岩石分解，把最细小的碎片变成黏土作为礼物赐予我们。虽然这份礼物中最具活力和最丰厚有机的那部分首先得保留给农作物的生产，但它惰性的那部分（从生物学角度讲）仍然为我们的建造提供了大量令人惊讶的可能性。那我们是否还有必要使用一些强度虽高，却会加重能源危机的人工材料来建造朴素的小房子呢？为什么要使用越来越复杂和昂贵的信息化设备，才能实现精心选择的生态材料与好设计的结合？为什么非得把工厂集中在一起，生产然后再运输那些在施工现场就能制造的东西？技术不再化繁为简时，也就成了哄人的花招。

这种对简朴和乡土的赞美绝不是要让我们的发展停滞不前。谦虚地向过去那些无名的建造者学习，也不意味着对传统知识放弃批判性的审视，更不是要否定融入现代的实践，而是只有这样做，朝着这个方向促进相关教育的发展，才能建设出适应时代挑战并尊重当地文化与传统的现代建筑[5]。

与建筑师和建造者一样，物理学家也无法对生土建筑发起的挑战无动于衷。我们如今几乎完全了解一块宝石、一块塑料或一块金属中原子和分子的排列方式；我们也知道如何在一平方厘米中将硅转化成数百万个晶体管；我们知道玻璃为什么易碎，铜和黄金为什么能有延展性；我们能够计算出翅膀或风帆周围空气运动的几何曲线，还有跳动心脏中血液的流动；我们甚至能够精确地描绘一杯水中分子的运动；但却无法科学地描述陶匠指间那些黏粒的滑动，也不知道为什么植物的根有时难以深入只是沙质的土壤。我们才刚刚开始了解沙丘是如何在形成和移动中保持自身的形态，也是直到最近才明白为什么只要控制好含水量，就能很容易地做出一个沙堡。

幸运的是，细分（甚至超细分）材料的物理学与力学如今在多个领域都飞速发展。干沙作为一种典型的、简单的土，提供了一个近二十年来凝聚态物理学领域最具革新性的研究主题。物质的颗粒状态与液态或气态一样，也成为物质的参考状态之一。更令人惊讶的是，这些发现对于研究人群聚集与汽车交通的行为并进行疏导也能提供一种新的视角。相较于沙子，土则在更加微观的物质颗粒尺度上，进入了一个新的更复杂的物理化学维度。相信随着纳米科学的发展（或再发展，因为有关胶体和界面的物理化学研究由来已久）这些新的问题会不断找到答案。

更好地理解颗粒物质（特别是“合适的黏土”[6]，不能太干或太湿才便于建造）并不只是一个游戏或纯粹的认知挑战。我们建设性的各种实践正是依赖并基于上面所提到的那些可持续性的变革。也门的工匠在没有人造黏结剂的情况下建立起高密度的垂直城市，就是一种对自然材料黏结机制的理解，它能帮助我们在材料性能的研究中找到正确有效的参照系。比如深刻地了解水在建筑材料中的作用，才能使材料在抵御冻融的周期变化中不被损坏，同时巧妙、有效地调节空气的相对湿度，从而获得“温度带来的快感”[7]。另外，对极端气候的重视，不仅能帮助我们改善所使用的材料并进一步完善“环境”质量标准，还能使我们避免过于简单地看待基础物理学。

对于未来而言，莱迪西娅·方丹与罗曼·昂热合著的这本书是个令人赞叹的开端。

亨利·范·达姆（Henri Van Damme）
巴黎高等物理化工学院（ESPCI-Paris Tech）教师
法国中央路桥实验室（LCPC）科学部负责人

1. Gaston Bachelard, *L'eau et les rêves*, Librairie José Corti, Paris, 1942, chapitre 4.

2. Serge Berthier, *La couleur des papillons ou l'impérative beauté*, Springer-Verlag, Paris, 2000. Un merveilleux ouvrage sur l'origine physique des couleurs iridescentes que présentent les ailes de papillon.

3. Cette vison de la planète terre – très pragmatique, puisqu'il s'agit « bêtement » de maintenir la machine en état de marche – attribuée à R. Buckminster Fuller et reprise par Florence Lipsky et Pascal Rollet, a l'avantage d'éviter la référence écologiste à une nature supérieure dont la valeur dépasserait éventuellement celle de l'humain... (Florence Lipsky et Pascal Rollet, *Les 101 mots de l'architecture à l'usage de tous*, Archibooks + Sauterau Éditeur, Paris, 2009).

4. Bernard Rudofsky, *Architecture without architects. A short introduction to non-pedigreed architecture*, catalogue de l'exposition qui s'est tenue au Museum of Modern Art à New York en 1964 et 1965, réédité par New Mexico Press en 1987.

5. *Vernacular Architecture in the Twenty-First Century. Theory, education and practice*, édité par Lindsay Asquith & Marcel Vellinga, Taylor & Francis, London, 2006.

6. Gaston Bachelard, *op. cit.*

7. Lisa Heschong, *Architecture et volupté thermique*, Éditions Parenthèses, 1981. Publié en 1979 en anglais par MIT Press. Traduit de l'anglais par Hubert Guillaud.

参考文献

1. 建筑

著述

Dethier J., *Des architectures de terre ou l'avenir d'une tradition millénaire*, Centre Pompidou, 1981.
Doat P., Houben H., Matuk S., Vitoux F., Hays A., *Construire en terre*, Parenthèses, 1979.
Fathy H., *Construire avec le peuple : Histoire d'un village d'Égypte : Gourna*, Actes Sud, 1999.
Houben H., Guillaud H., *Traité de construction en terre*, Parenthèses, 1995.
Piano R., *La désobéissance de l'architecte*, Arléa, 2004.

现代建筑

Duchert D., *Gestalten mit Lehm*, Farbe und Gesundheit, 2008.
Joy R., *Desert Works*, Princeton Architectural Press Edition, 2002.
Minke G., *Building with Earth : Design and Technology of a Sustainable Architecture*, Birkhauser, 2006.
Rael R., *Earth architecture*, Princeton Architectural Press, 2008.
Rauch M., Otto Kapfinger, *Lehm und Architektur*, Birkhauser, 2002.
Volhard F., *Leichtlehmbau, Alter Baustoff - neue Technik*, C.F. Müller, 2008.

法国和欧洲的土建筑遗产

Bardel P., Maillard J.-L., *Architecture de terre en Ille-et-Vilaine*, Apogée, 2002.
Casel T., Colzani J., Gardère J.-F., Marfaing J.-L., *Maisons d'argile en Midi-Pyrénées*, Privat, 2000.
Delabie C., *Maisons en terre des marais du Cotentin. Un patrimoine à préserver, un confort à améliorer, des constructions à réhabiliter*, Biomasse Normandie, 1990.
Dewulf M., *Le torchis, mode d'emploi*, Eyrolles, 2007.
Fernandes M., Correia M. (dir.), *Arquitectura de terra em Portugal*, Argumentum, 2005.
Guillaud H. (dir.), *Terra Incognita. Découvrir une Europe des architectures de terre*, Culture Lab Edition et Argumentum, 2008.
Guillaud H. (dir.), *Terra Incognita. Préserver une Europe des architectures de terre*, Culture Lab Edition et Argumentum, 2008.
Jeannet J., Pignal B., Scarato P., *Bâtir en pisé : technique, conception, réalisation*, Éditions Pisé Terre d'Avenir, 1998.
Jeannet J., Pignal B., Pollet G., Scarato P., *Le pisé. Patrimoine, restauration, technique d'avenir. Matériaux, techniques et tours de mains*, CREER, 2003.
Lebas P., Lacheray C., Pontvianne C., Savary X., Schmidt P., Streiff F., *La terre crue en Basse-Normandie, de la matière à la manière de bâtir*, C.Ré.C.E.T, 2007.
Le Tiec J.-M., Paccoud G., *Pisé H_2O*, Éditions CRAterre-ENSAG, 2006.
Milcent D. & Vital C. (dir.), *Terres d'architecture. Regards sur les bourrines du marais de Monts,* Écomusée du marais Breton Vendéen, 2004.
Pignal B., *Terre crue. Techniques de construction et de restauration*, Eyrolles, 2005.
Schofield J., Smallcombe J., *Cob Building : A practical guide*, Black Dog Press, 2004.
Weismann A., Bryce K., *Building With Cob : A Step-by-step Guide*, Chelsea Green Publishing Company, 2006.

世界各地的土建筑遗产

Baoguo H., *Hakka earthen buildings in china*, Haichao Photography & Arts Press, 2006.
Bedaux R., Diaby B., Maas P., *L'architecture de Djenné. Mali. La pérennité d'un patrimoine mondial*, Rijksmuseum voor Volkenkunde Leiden, 2003.
Bendakir M., *Architectures de terre en Syrie. Une tradition de onze millénaires*, Éditions CRAterre-ENSAG, 2008.
Bishop L., Abadomloora, G. Taxil, M. Kwami, S. Moriset, D. Savage, *Navrongo cathedral. The merge of two cultures*, Éditions CRAterre-ENSAG, 2004.
Bourgeois J.-L., Pelos C., Davidson B., *Spectacular Vernacular. The adobe tradition*, Aperture, 1989.
Damluji S., Bugshan A., *Architecture of Yemen : From Yafi to Hadramut*, Laurence King Publishing, 2007.
Joffroy T. (dir.), *Les pratiques de conservation traditionnelles en Afrique*, ICCROM, 2005.
Joffroy T. (dir.), *La Cour Royale de Tiébélé*, Éditions CRAterre-ENSAG, 2008.
Joffroy T., Togola T., Sanogo K., Misse A., *Le Tombeau des Askia, Gao, Mali*, Éditions CRAterre-ENSAG, 2005.
Lauber W. (dir.), *L'architecture dogon. Constructions en terre au Mali*, Adam Biro, 2003.
Le Quellec J.-L., Tréal C., Ruiz J.-M., *Maisons du Sahara : Habiter le désert*, Hazan, 2006.
Loubes J.-P., Sibert S., *Voyage dans la Chine des cavernes*, Arthaud, 2003.
Ravereau A., *Le M'Zab. Une leçon d'architecture*, Actes Sud, 2003.
Schutyser S., Dethier J., Monterosso JL., *Les mosquées en terre du Mali*, Maison européenne de la photographie, 2002.
Schutyser S., Dethier J., Eaton R., Gruner D., *Banco, mosquées en terre du delta intérieur du fleuve Niger*, Cinq Continents, 2003.
Schwartz D., De Pracontal M., *La Grande muraille de Chine*, Thames et Hudson, 2001.
Seignobos C. & Jamin F., *La case obus. Histoire et reconstruction*, Parenthèses, 2003.
Swentzell Steen A., Stehen B., Komatsu E., *Built by Hand : Vernacular Buildings Around the*

World, Gibbs Smith Publishers, 2003.
Wang Qjiun, *Vernacular dwellings. Ancient Chinese architecture*, Springer, 2000.
Zerhouni Z. & Guillaud H., *L'architecture de terre au Maroc*, ACR éditions, 2001.

2. 材料

什么是土?

Duchaufour P., *Introduction à la science du sol. Sol, végétation, environnement*, Dunod, 2001.
Legros J.-P., *Les grands sols du monde*, Presses Polytechniques et Universitaires Romandes, 2007.
Robert M., *Le sol : interface dans l'environnement, ressource pour le développement*, Masson, 1996.
Ruellan A., Dosso M., *Regards sur le sol : Analyse structurale de la couverture pédologique*, Foucher, 1995.
Trolard, F., Bourrié G., « La couleur de peau de la terre et l'histoire particulière des sols bleus », *Échos science* n° 2, 2005.

沙堆的物理知识

Blair D.L., Mueggenburg N.W., Marshall A.H., Jaeger H.M., Nagel S.R., « Force distributions in three-dimensional granular assemblies : effects of packing order and interparticle friction », *Physical Review E*, volume 63, 041304, 2001.
Borkovec M., De Paris W., « The fractal dimension of the apollonian sphere packing », *Fractals*, volume II, n° 4, 1994.
De Larrard F., Sedran T., « Une nouvelle approche de la formulation des bétons », *Annales du bâtiment et des travaux publics*, volume VI, n° 99, 1999.
Duran J., *Sables émouvants : la physique du sable au quotidien*, Belin, 2003.
Duran J., *Sables, poudres et grains*, Eyrolles, 1997.
Duran J., « Les volcans de sable », *Pour la Science*, septembre 2002.
Erikson J.M., Mueggenburg N.W., Jaeger H.M., Nagel S.R., « Force distributions in three-dimensional compressible granular packs », *Physical Review E*, volume 66, 040301, 2002.
Flatt R.J., Martys N., Bergström L., « The Rheology of Cementitious Materials », *MRS Bulletin*, volume XXIX, n° 5, 2004.
Guyon E., Troadec J.-P., *Du sac de billes au tas de sable*, Odile Jacob, 1994.
Jeux de grains, Exposition interactive, équipe des médiateurs scientifiques de l'Espace des sciences, 2004.
Metcalfe G., Shinbrot T., McCarthy J. J., Ottino J. M., « Avalanche mixing of granular solids », *Nature*, volume 374, n° 6517, p. 39-41, 1995.
Radjai F., Jean M., Moreau J-J, Roux D., « Force distributions in dense two-dimensional granular systems », *Physical Review Letter*, volume 77, n° 274, 1996.
Vernet C. P., « Ultra-durable concretes : structure at the micro- and nanoscale », *MRS Bulletin*, volume XXIX, n° 5, 2004.

沙堡的物理知识

Albert R., Albert I., Hornbaker D., Schiffer P., Barabási A.L., « The maximum angle of stability in wet and dry spherical granular media », *Physical Review E*, volume 387, n° 6635, 1997.
Bocquet L., Charlaix E., Restagno F., « Physics of humid granular media », *Comptes Rendus Physique*, volume III, n° 2, 2002.
Bocquet L., Charlaix E., Crassous J., Ciliberto S., « Moisture induced ageing in granular media and the kinetics of capillary condensation », *Nature*, volume 396, n° 6713, 1998.
De Gennes P.-G., Brochard-Wyart F., Quéré D., *Gouttes, bulles, perles et ondes*, Belin, 2002.
Gelard D., Zabat M., Van Damme H., Laurent J.-P., Dudoignon P., Pantet A., Houben H., « Nature and Distribution of Cohesion Forces in Earth-based Building Materials », *2nd International Conference on the Conservation of Grotto Sites*, 2004.
Halsey T.C., Levine A.J., « How sandcastles fall », *Physical Review Letters*, volume 80, n° 3141, 1998.
Hornbaker D., Albert R., Albert I., Barabasi A. L., Schiffer P., « What keeps sandcastles standing », *Nature*, volume 387, n° 6635, 1997.
Van Damme H., « L'eau et sa représentation », in *Mécanique des sols non saturés*, Hermès - Lavoisier, 2001.
Van Damme H., Anger R., Fontaine L., Houben H., « Construire avec des grains, matériaux de construction et développement durable », in *Graines de sciences 8*, Le Pommier, 2007.

黏土泥浆的物理与化学知识

Cabane B., Hénon S., *Liquides : Solutions, dispersions, émulsions, gels*, Belin, 2003.
Israelachvili J., *Intermolecular and surface forces*, Academic Press, London, 1992.
Meunier A., *Argiles*, Gordon & Breach, 2003.
Rautureau M., Caillère S., Hénin S., *Les argiles*, Septima, 2004.
Velde B., *Introduction to clay minerals*, Chapman and Hall, 1992.
Van Olphen H., *An introduction to clay colloid chemistry*, Inter science, 1963.

其他

Ayer J., Bonifazi M., Lapaire J., *Le sable – Secrets et beautés d'un monde minéral*, Muséum d'histoire naturelle de Neuchâtel, 2003.
Daoud M., Williams C. (dir.), *La juste argile :*

Introduction à la matière molle, Les éditions de Physique, 1995.
Guyon E., Hulin J.-P., Petit L., *Ce que disent les fluides. La science des écoulements en images*, Belin, 2005.
Ildefonse B., Allain C., Coussot P., *Des grands écoulements naturels à la dynamique du tas de sable – Introduction aux suspensions en géologie et en physique*, Cemagref Editions, 1997.
Jensen P., *Entrer en matière, les atomes expliquent-ils le monde ?*, Seuil, 2001.
Prost A., *La terre, 50 expériences pour découvrir notre planète*, Belin, 1999.

3. 革新

在分子层面

Abend S., Lagaly G., « Sol–gel transition of sodium montmorillonite dispersions », *Applied Clay Science*, volume 284, n° 9, 2000.
Benna M., Khir-Ariguib N., Magnin A., Bergaya F., « Effect of pH on rheological properties of purified sodium bentonite suspensions », *Journal of Colloid and Interface Science*, volume 218, n° 2, 1999.
Janek M., Lagaly G., « Proton saturation and rheological properties of smectite dispersions », *Applied Clay Science*, volume XIX, n° 1, 2001.
Tombacz E., Szekeres M., « Colloidal behavior of aqueous montmorillonite suspensions : the specific role of pH in the presence of indifferent electrolytes », *Applied Clay Science*, volume XXVII, n° 1-2, 2004.
Tombacz E., Szekeres M., « Surface charge heterogeneity of kaolinite in aqueous suspension in comparison with montmorillonite », *Applied Clay Science*, volume 34, n° 1-4, 2006.

水泥：可否被替代？

École d'Avignon, *Techniques et pratiques de la chaux*, Eyrolles, 2003.
Elert K., Rodriguez-Navarro C., Sebastian E., « Geopolymerisation as a novel method to consolidate earthen architecture : preliminary results », *Heritage, weathering and conservation*, Taylor & Francis, 2006.
Fragoulis D., Stamatakis M.G., Papageorgiou D., Pentelenyi L., Csirik G., « Diatomaceous earth as a cement additive : a case study of deposits from North-eastern Hungary and Milos island », *ZKG international*, volume 55, n° 1, 2002.
Lecomte I., Henrist C., Liégeois M., Maseri F., Rulmont A., Cloots R., « (Micro)-structural comparison between geopolymers, alkali-activated slag cement and Portland cement », *Journal of the European Ceramic Society*, volume XXVI, n° 16, 2006.
Pellenq R., Van Damme H., « Why does concrete set ? The nature of cohesion Forces in hardened cement-based materials », *MRS Bulletin*, volume XXIX, n° 5, 2004.
Van Damme H., « Et si Le Chatelier s'était trompé ? Pour une physico-chimio-mécanique des liants hydrauliques et des géomatériaux », *Annales des Ponts et Chaussées*, volume 71, 1994.
Van Damme H., Pellenq R., Delville A., « La physique des liaison entre hydrates et les moyens d'agir au niveau moléculaire », *Journée technique de l'industrie cimentière*, 1998.
Yu Q., Sawayama K., Sugita S., Shoya M., Isojima Y., « The reaction between rice husk ash and $Ca(OH)_2$ solution and the nature of its product », *Cement and Concrete Research*, volume XXIX, n° 1, 1999.

自然的榜样

Bourgeon G., Gunnell Y., « La latérite de Buchanan », *Étude et gestion des sols*, volume XII, n° 2, 2005.
Gobat J.-M., Aragno M., Matthey W., *Le sol vivant*, Presses polytechniques et universitaires romandes, 2003.
Jolivet J.-P., *De la solution à l'oxyde*, EDP Sciences, 2000.
Rodriguez-Navarro C., Rodriguez-Gallego M., Ben Chekroun K., Gonzalez-Munoz M.T., « Conservation of ornamental stone by Myxococcus xanthus-Induced Carbonate Biomineralization », *American Society for Microbiology*, volume 69, n° 4, 2003.
Tang Z., Kotov N., Magonov S., Ozturk B., « Nanostructured Artificial Nacre », *Nature Materials*, volume II, n° 6, 2003.
Tardy Y., *Pétrologie des latérites et des sols tropicaux*, Masson, 1993.

词汇表

Adobe 土坯砖：将塑性状态的土倒入模具成型后自然晾干的土砖。今天已经很少见的更加古老的方式是不用模具，直接用手塑形。

Adjuvant (ou additif) 添加剂(或外加剂)：少量添加到土料(通常是混凝土)中以改变其特性的产品，比如使其更坚固或更具流动性。

Agrégat 团块，集料：由直径数十微米的黏土颗粒聚集而成的团块。这一术语也用于描述更大体量的砂粒、粉粒和黏粒的组合。

Amorphe 非晶质的：指原子结构不规则的材质，与晶体相对。

Amphiphile 双亲分子：指同时具有亲水性和疏水性两种性质的分子。

Angle de repos 安息角：沙堆坡面与水平面的夹角。

Angle d'avalanche 崩溃角：指超过这个角度，沙堆的坡面就会崩塌而又回到安息角。

Banco：在西非地区通用的术语，指诸如土坯砖、草泥团、土灰浆等不同的土建造技术。

Barbotine 泥浆：通常指用非常细的黏土与大量的水混合而成的泥浆。

Bauge 草泥团砌筑：一种使用塑性土堆砌来制作厚墙的土建造技术。

Biominéralisation 生物矿化：生物体合成矿物质。

Bloc de terre comprimée (BTC) 压制土砖：通过压制潮湿土制成的一种土砖。

Calcination 煅烧：指在高温下加热化合物(通常为矿物)，导致化合物的化学转化，并伴随某些物质的损失与挥发。例如石灰石通过煅烧将二氧化碳释放到大气中，得到生石灰。

Capillarité 毛细作用：液体与气体，或与另一种不混溶的液体，或与固体接触时表面发生的现象。例如毛细作用力能使水在非常细的管或颗粒物质间的空隙中上升，我们称之为毛细管上升。它也是一滴水在两个沙粒间产生吸引力的原因。

Carbonate de calcium 碳酸钙：化学式为 $CaCO_3$ 的矿物化合物，主要由石灰石组成。通常以两种晶体的形式出现：方解石与文石。

Carbonatation 钙化：石灰与大气中的二氧化碳结合而硬化的化学反应。

Chaînes de forces 力链：力在相互接触的颗粒物间的分布网络。

Chaux 石灰：通过煅烧石灰石获得的一种黏合材料。生石灰化学式为 CaO，是石灰石释放二氧化碳后的物质。将其浸入水中会转变为熟石灰，化学式为 $Ca(OH)_2$，即氢氧化钙，也称为气硬性石灰，因其钙化过程可通过与大气中的二氧化碳接触完成。它有别于水硬性石灰，水硬性石灰为煅烧含有黏土的石灰石所得。

Colloïde 胶体：极小颗粒物(1~1000 纳米)的组合，其表现取决于它们的表面特性，在液体中呈现为胶状分散体。

Composite 复合材料：将两种性能不同且互补的材料组合而成的材料。

CSH 水化硅酸钙：Calcium Silicate Hydrate 的缩写，是水泥凝结过程中出现的一种颗粒物，为水泥的主要水合物：水泥硬化前，它可以被认为是一种"胶"。

Décarbonatation 脱碳：煅烧石灰石将二氧化碳释放到大气中，得到生石灰的化学反应过程。

Empilement apollonien 阿波罗尼奥斯堆叠：不同大小球体占据空间的理想几何模型，球体彼此相切，更小的空间填充更小的球体。

Feldspath 长石：长石族矿物的总称，花岗岩即主要由长石、石英和云母组成。

Feuillet d'argile 黏粒薄片：黏粒由多种不完全规则的薄片固体组成，这些薄片只有几微米见方，厚度仅 1 纳米左右。

Floculé (ou agrégé) 絮凝：指在水中黏粒颗粒因不同吸引力的作用由分散到聚集的转变状态。加入分散剂的话，该转变可逆。

Gel 凝胶：固体颗粒在水或其他液体中相互连接的一种网状结构。

Géopolymère 地聚合物：由硅铝氧化物通过化学结合而成的一种矿物黏合剂。

Granulométrie 级配：指粒度分布。在给定的土料中，各种大小颗粒物在颗粒物总量中所占的比例。

Grès 砂岩：各种砂粒由天然水泥胶结而成的岩石。

Horizon 土层：土壤学中指地层中不同的水平向土壤构造。

Humus 腐殖质：位于土壤的上层，富含主要由动植物腐烂而成的有机物。

Hydrates de ciment 水泥的水合物：水泥粉与水混合后凝固过程中产生的微粒。

Hydraulique (liant) 水硬性黏合材料：与气硬性的石灰接触大气中的二氧化碳而硬化相反，水硬性黏合材料与水接触发生硬化，所以水泥是一种水硬性黏合材料。

Illite 伊利石：一种黏土矿物，含有大量细小坚硬的薄片，薄片表面带有高电荷。

Induration 硬化：土壤通过不同的自然胶结，不可逆的变硬过程。

Inertie thermique 热惰性：热惰性大的材料升温和降温的速度非常慢，因此在昼夜温差较大的情况下也能保持相对稳定的温度。

Ionique (composé ou solide) 离子(化合物或固体)：由负离子和正离子结合形成的固体。

Kaolinite 高岭石：一种呈硬板状的黏土矿物，其表面带有非常弱的负电荷。

Laponite 锂藻土：一种具有极强膨胀特性的人工合成黏土，常用于凝胶与化妆品的制作。

Latérite 红土：这是建筑行业常使用的一个含混不清的术语，用于表示各种不同硬度的红色热带土壤。近些年土壤学家因为它的定义太不精确而放弃了这个词的使用。

Lattis 木板条：一种出现在木骨泥墙工艺中用来连接并挂住泥料的、有一定间隔的水平向木格栅板条。

Liant 黏合剂：在颗粒物材料中，黏合剂是将颗粒物黏结在一起的物质。混凝土中的黏合剂是水泥，土中的黏合剂是黏土。

Limon 河泥：河道内沉积的细土。

Loess 黄土：在风的运输下，粉砂质土壤颗粒的沉积物。

Macromolécule 大分子：由大量简单分子单体(多达几十万)连接形成的有机分子。

Métakaolinite 偏高岭石：将高岭石加热至460°C～600°C后得到的无定形矿物。

Microcristaux 微晶：原子以规则有序的方式排列组成的微观矿物颗粒。黏粒即是一种微晶。

Moraine 冰碛：大小不同的颗粒物质经由冰川搬运和沉积而形成的矿物。

Nanocomposite 纳米复合材料：其组成材料在纳米尺度上紧密结合，有着相同材料在更大尺度上结合所不具备的特殊属性。

Organo-minéral 有机矿物：通过有机物与矿物质

结合得到的复合材料。

Oxyde de fer 氧化铁：主要由非常小的铁原子、氧原子结合而成的矿物颗粒。通常存在于土壤中，粒度分析将其归类为黏土。氧化铁是土壤颜色的指示剂，其性质和颜色会随着环境条件的变化而改变。

Phase 相:土是一种三相态物质，即由固相（颗粒物），液相（土中水）和气相（土中气）三相组成。“相变”一词泛指从一种状态转变为另一种状态，例如，当冰融化时，它从固态变为液态。

Pisé 夯：一种土建造技术，指通过在模板中压实潮湿的土料来筑墙。

Pisoir (ou fouloir) 夯锤（或捣固机）：一种夯土工具，用于压实模板中的土料。

Plaquette 板：黏土颗粒一般呈现为形状并不完全规则的坚硬板状，它们由黏粒薄片堆叠而成。

Plasticité 塑性：相对于弹性指的是一种可逆变形的特性来说，塑性指的是不可逆变形的特性。

Polaire 极性：极性分子具有永久的正极和负极，例如水分子就是这种情况。

Polymère 聚合物：以相同模式重复组成的超大分子。例如生物聚合物就是一种来自植物或动物等生物体的聚合物。

Polymérisation 聚合反应：小分子单体通过化学作用结合形成聚合物的反应。

Pouzzolane 火山灰：非常细的矿物粉末，富含二氧化硅，一般为无定形结构。它能在石灰和水的作用下有效反应，形成一种水硬性黏合剂。

Quartz 石英：由二氧化硅构成的矿物晶体，能有效抵御风蚀。

Retrait 收缩：对土建造来说意味着开裂。

Rhéoépaississant 增稠流变：流体随着流速的增加而变得越来越黏稠。

Roche mère 母岩：被土壤覆盖的岩石层，土壤的形成源自母岩的分解。

Saturé 饱和：指颗粒物材料中所有的空隙都被水或某种液体填满。

Sédimentation 沉积：当颗粒物在液体或气体中停止悬浮，并在重力作用下沉降时，我们称之为沉积。在地质尺度上，这种现象会产生颗粒物的大范围沉积，称为沉积物。当这些颗粒通过不同的胶结过程聚集在一起时，就形成了沉积岩。

Silt 粉粒：土壤中比砂小，比黏粒大的颗粒物，也称为粉砂，大小介于 2 ~ 60 微米之间。

Smectite 蒙皂石：膨胀性黏土，其带负电荷的黏粒薄片极易分离，从而无法组成厚实的板状颗粒。

Sol 土壤：由母岩分解而形成的地表相对疏松的表层物质。

Superplastifiant 增塑剂：一种用于水泥粉末的强力分散剂。

Tension superficielle 表面张力：因组成液体的分子间吸引力而存在于液体表面的力。

Tension interfaciale 界面张力：存在于无法混合的两种液体之间的力。

Terre végétale 腐殖质土：富含有机质与矿物质的地表土。

Torchis 木骨泥墙：将泥土填充在用来支撑的木或竹制框架中的一种土建造技术。

Van der Waals (forces de) 范德华（力）：存在于纳米距离上物体表面之间的吸引力。

Vernaculaire (architecture) 乡土（建筑）：乡土建筑具有适应当地各种限制条件的品质，这是从诸多尝试与失败中获得经验性知识的成果，并代代相传。

图片来源

从上到下，从左到右：

封面
CRAterre-ENSAG

引言
p. 9, 10 Victoria Delgado, CRAterre-ENSAG, Satprem Maïni/Auroville Earth Institute/ CRAterre-ENSAG (2), Erik Jan Ouwerkerk & Francis Kéré architecte, Instituto Geografico Agustin Codazzi (IGAC) | **p. 10-11** Wolfgang Kaelher/CORBIS

1.建筑
p. 12-13 Yann Arthus-Bertrand/Altitude | **p. 16** George Steinmetz/CORBIS | **p. 17** Michele Falzone/JAI/CORBIS, Franck Guiziou/Hemis/ CORBIS | **p. 18, 21** CRAterre-ENSAG | **p. 21** Illustration Grégoire Paccoud/CRAterre-ENSAG | **p. 22** Christian Lignon/CRAterre-ENSAG | **p. 23** CRAterre-ENSAG (5), Bruno Morandi/RHW Imagery/CORBIS | **p. 24, 25** Rick Joy Architects | **p. 27** CRAterre-ENSAG, Romain Cintract/Hemis/CORBIS, CRAterre-ENSAG (6), Heeyong Choi/Department of Architecture/Mokpo National University (Corée du Sud), Victoria Delgado, Heeyong Choi/Dept. Archi/Mokpo, CRAterre-ENSAG | **p. 28-29** CRAterre-ENSAG | **p. 28** Collection CRAterre-ENSAG | **p. 30** CRAterre-ENSAG (2), Gisèle Taxil/CRAterre-ENSAG, Andreas Krewet, CRAterre-ENSAG, Entreprise Heliopsis/B. Marielle & M. Stefanova & V. Rigassi Architectes
p. 31 SCOP Caracol | **p. 33** Equipe Architecture & Cultures Constructives/ENSAG | **p. 34** FrançoisStreiff, Alain Klein/Architerre, CRAterre-ENSAG | **p. 35** CRAterre-ENSAG | **p. 36** CRAterre-ENSAG (2), François Streiff, CRAterre-ENSAG (2), Alain Klein/Architerre | **p. 38-39** Laurent Ménégoz
p. 38 CRAterre-ENSAG/Atelier4 & Wagner & Widmer & Theunynck Architectes | **p. 39** CRAterre-ENSAG/Galard & Guibert, CRAterre-ENSAG/Jaure & Confino & Duval Architectes, CRAterre-ENSAG/Berlottier Architecte, CRAterre-ENSAG/Jourda & Perraudin Architectes | **p. 40** CRAterre-ENSAG
p. 40-41 Paul Jaquin | **p. 41** Alan Copson/JAI/ CORBIS | **p. 42-43** CRAterre-ENSAG | **p. 44** Vincent Rigassi/CRAterre-ENSAG, CRAterre-ENSAG, Christine Bastin & Jacques Evrard, CRAterre-ENSAG (2) | **p. 45** CRAterre-ENSAG | **p. 46** Ashmolean Museum, University of Oxford, UK/Bridgeman/Giraudon | **p. 47** Estudio Marcel Socias, Franck Lechenet/ DoubleVue.fr | **p. 48** Yann Arthus-Bertrand/ Altitude | **p. 49** CRAterre-ENSAG, Jean-Claude Golvin/Editions Errance | **p. 50** AeroGRID Limited/DigitalGlobe/Google Earth/DR, Paule Seux/hemis.fr, Danny Lehman/CORBIS | **p. 51** Nathan Benn/CORBIS | **p. 52** CRAterre-ENSAG (2), Dave G. Houser/CORBIS | **p. 53** CRAterre-ENSAG | **p. 54** Nic Lexoux/HOTSON BAKKER BONIFACE HADEN architects+urbanistes | **p. 55** CRAterre-ENSAG/Peter M. Quinn architect | **p. 56** Geun-Shik Shin Architecte | **p. 57** Andreas Krewet/Martin Rauch/ LehmTonErde Baukunst GmbH
p. 58 CRAterre-ENSAG/Martin Rauch, Rudolf Reitermann & Peter Sassenroth Architekten/ LTE (2), Beat Bühler/Roger Boltshauser & Martin Rauch/Lehm Ton Erde (2) | **p. 59** CRAterre-ENSAG/Martin Rauch, Rudolf Reitermann & Peter Sassenroth Architekten/LTE
p. 60 Nic Lexoux/HOTSON BAKKER BONIFACE HADEN architects+urbanistes, Mauricio Patïno A. Jesus Antonio Moreno/Fundacion Tierra Viva architectes (2) | **p. 61** Nic Lexoux/HBBH architects+ urbanistes | **p. 62, 63** CRAterre-ENSAG | **p. 64** Christian Seignobos/IRD | **p. 65** Lazare Eloundou/CRAterre-ENSAG (3), Christian Seignobos/IRD, CRAterre-ENSAG | **p. 66, 67** CRAterre-ENSAG | **p. 68-69** Georg Gerster/RAPHO/EYEDEA | **p. 69, p. 70-71** CRAterre-ENSAG | **p. 71** François Streiff, Cynthia Wright/Rammed Earth Works | **p. 72, p. 72-73** CRAterre-ENSAG | **p. 73** Maya Pic/CRAterre-ENSAG | **p. 74-75** CRAterre-ENSAG | **p. 76, 77** Marcelo Cortés/ SurTierraArchitectura
p. 78-79 Victoria Delgado | **p. 79** CRAterre-ENSAG, Schauer + Volhard Architekten | **p. 80, 81** Satprem Maïni/Auroville Earth Institute/ CRAterre-ENSAG | **p. 82-83** CRAterre-ENSAG/ DR | **p. 83** CRAterre-ENSAG (2), Dario Angulo Architecte/CRAterre-ENSAG | **p. 84** KPA/ GAMMA/EYEDEA, Chris Stowers/PANOS-REA | **p. 84-85** Illustrations redessinées d'après le livre « Ancient Chinese Architecture » de Wang Qijun. Springer, 2000, Chris Stowers/PANOS-REA | **p. 86** Lazare Eloundou/CRAterre-ENSAG, CRAterre-ENSAG (2)
p. 87 Christian Lignon/Vincent Liétar architecte/Collection Société Immobilière de Mayotte (SIM), CRAterre-ENSAG/Léon Attila Cheyssial architecte, CRAterre-ENSAG | **p. 88, p. 88-89** Erik Jan Ouwerkerk & Francis Kéré architecte | **p. 89** Anna Heringer, BASEhabitat | **p. 90, 91** CRAterre-ENSAG | **p. 92, 95** Daniel Duchert architecte

2.材料
p. 96, 102 CRAterre-ENSAG | **p. 102-103** CRAterre-ENSAG | **p. 103** Christian Olagnon/ MATEIS/INSA de Lyon, Alain Meunier/ HydrASA/Université de Poitiers | **p. 104, 114** CRAterre-ENSAG | **p. 115** CRAterre-ENSAG (4), Alain Tendero/Rudy Ricciotti Architecte | **p.116** CRAterre-ENSAG, Sylvie Bonnamy & Henri Van Damme/Centre de Recherche sur la Matière Divisée(CRMD)/CNRS/Université d'Orléans, The Concrete Company Ltd/ DR | **p. 117, 120** CRAterre-ENSAG | **p. 121** CRAterre-ENSAG (2), Virginie Rochas, CRAterre-ENSAG (2) | **p. 122, 125** CRAterre-ENSAG | **p. 126-127** Frans Lanting/CORBIS | **p. 127** Jeffery Titcomb/CORBIS, CRAterre-ENSAG, Goddard Space Flight Center/MODIS/ NASA | **p. 128, 129** CRAterre-ENSAG | **p. 130** Jeremy Walker/SPL/COSMOS, CRAterre-ENSAG | **p. 131** CRAterre-ENSAG | **p. 132** Entreprise Heliopsis, CRAterre-ENSAG | **p. 133** CRAterre-ENSAG | **p. 134** Li Shaobai/SINOPIX-REA, Terre Armée SAS, Laurent Hujeux/ Terre Armée SAS, CRAterre-ENSAG, Nader Khalili/Cal-Earth Institute/EPA/CORBIS | **p. 135** CRAterre-ENSAG | **p. 136** Xavier Porte architecte, CRAterre-ENSAG | **p. 137** Xavier Porte architecte | **p. 138, 143** CRAterre-ENSAG | **p. 144** CRAterre-ENSAG, Entreprise Heliopsis/B. Marielle & M. Stefanova & V. Rigassi Architectes | **p. 145, 150** CRAterre-ENSAG | **p. 151** CRAterre-ENSAG (6), Nicole Liewig/Université de Strasbourg/DR | **p. 152** David Gélard/LTHE/Université de Grenoble, CRAterre-ENSAG
p. 153, 155 CRAterre-ENSAG | **p. 156** Courtesy of M. Roe/Macaulay Institute Collection/

The Clay Minerals Society, Twickenham. U.K. (2), Toshihiro Kogure/Department of Earth & Planetary Science/Graduate School of Science/The University of Tokyo | **p. 156-157** Nicole Liewig/Université de Strasbourg/DR | **p. 157** Courtesy of M. Roe/Macaulay Institute Collection, Courtesy of Lana Loeber & Elisabeth Rosenberg/IFP, Courtesy of Christian Clinard & Henri Van Damme, Courtesy Hervé Gaboriau, Christian Clinard, Charles-Henri Pons & Faïza Bergaya, U.S. Geological Survey (USGS), Reston, Virginia. USA/DR, Alain Baronnet/DR, Courtesy of M. Roe/Macaulay Institute Collection | **p. 158** Alain Meunier/HydrASA/Université de Poitiers, Alain Baronnet/DR, Courtesy of M. Roe/Macaulay Institute Collection, Christian Olagnon/MATEIS/INSA de Lyon | **p. 159** Alain Meunier/HydrASA/Université de Poitiers, Nicole Liewig/Université de Strasbourg/DR, Christian Olagnon/MATEIS/INSA de Lyon, Alain Meunier/HydrASA/Université de Poitiers (3), Christian Olagnon/MATEIS/INSA de Lyon (3) | **p. 160** CRAterre-ENSAG | **p. 161** CRAterre-ENSAG (6), Henri Van Damme, Dessin d'après Miguel Morvan
p. 162 CRAterre-ENSAG | **p. 163** Soline Brusq/CRAterre-ENSAG (3), CRAterre-ENSAG | **p. 164** CRAterre-ENSAG, Henri Van Damme | **p. 165, 168** CRAterre-ENSAG | **p. 169** CRAterre-ENSAG, Elena Kalistratova/Fotolia

3.革新

p. 170, 177 CRAterre-ENSAG | **p. 178** CRAterre-ENSAG (2), NASA/CORBIS | **p. 179** CRAterre-ENSAG (7), Rodney Stevens | **p. 180** CRAterre-ENSAG
p. 181 CRAterre-ENSAG, J.-L. Klein & M.-L. Hubert/Biosphoto, Cheryl Power/SPL/COSMOS (2) | **p. 182, 183** CRAterre-ENSAG | **p. 184, 185** Heeyong Choi/Department of Architecture/Mokpo National University (Corée du Sud) | **p. 186** Nadeem Khawer/EPA/CORBIS | **p. 189** Neil Emmerson/Robert Harding World Imagery/CORBIS | **p. 190** Christian Olagnon/MATEIS/INSA de Lyon, Claire Delhon & Henri-Georges Naton/Creative Commons | **p. 191** Murawski Darlyne/Peter Arnold/Biosphoto | **p. 192-193** Reza/Webistan/SYGMA/CORBIS | **p. 193** Yann Arthus-Bertrand/CORBIS | **p. 194** Courtesy of Dr Bernd Möser/Bauhaus-Universität Weimar
p. 195 Courtesy of Hervé Gaboriau & Christian Clinard & Charles-Henri Pons & Faïza Bergaya & Henri Van Damme | **p. 196** Radius Images/CORBIS | **p. 199** CRAterre-ENSAG | **p. 200** Dan Mccoy-Rainbow/Science Faction/CORBIS, Visuals Unlimited/CORBIS | **p. 201** Visuals Unlimited/CORBIS, Jim Zuckerman/CORBIS, Photo Quest Ltd/SPL/CORBIS | **p. 202, 203** CRAterre-ENSAG | **p. 204-205** Martin Harvey/Gallo Images/CORBIS
p. 205 CRAterre-ENSAG | **p. 206** Maya Pic/CRAterre-ENSAG | **p. 207, 208** CRAterre-ENSAG
p. 210 Nicholas A. Kotov/Biomedical Engineering Department/University of Michigan, CRAterre-ENSAG | **p. 211** Courtesy of M. Roe/Macaulay Institute Collection/The Clay Minerals Society, Twickenham. UK, Tom Davison/Fotolia, Rick Carlson/Fotolia, EYE OF SCIENCE/SPL/COSMOS

插图

Arnaud Misse (sauf mentions contraires)

“国际生土建筑研究中心 - 格勒诺布尔国立高等建筑学院”版权图片

sont de Romain Anger, Wilfredo Carazas-Aedo, Patrice Doat, Laetitia Fontaine, David Gandreau, Philippe Garnier, Hubert Guillaud, Hugo Houben, Thierry Joffroy, Jean-Marie Le Tiec, Arnaud Misse, Olivier Moles, Sébastien Moriset et Grégoire Paccoud.

致谢

Dario Angulo, Colombie | **Alain Baronnet** | **Sylvie Bonnamy** (CRMD/CNRS/Université d'Orléans) | **Soline Brusq** | **Mathilde Cachart, Nicolas Freitag** (Terre Armée France/Freyssinet) | **Caracol SCOP** | **Minchol Cho, Heyzoo Hwang, Heeyong Choi** (Dpt of Architecture/Mokpo National University), Corée du Sud | **Marcelo Cortés, Patricia Marchante** (SurTierraArchitectura), Chili | **Victoria Delgado**, Honduras | **Lydie Didier** (Asterre) | **Daniel Duchert,** Allemagne | **David Easton, Cynthia Wright** (Rammed Earth Works), USA | **Lazare Eloundou** | **Ivana Furtula** (Boltshauser Architekten AG.), Suisse | **David Gélard** | **Entreprise Heliopsis**
Anna Heringer, Clemens Quirin, Allemagne | **Camilo Holguin** (Nativa), Colombie | **Instituto Geografico Agustín Codazzi** (IGAC), Colombie | **Paul Jaquin** (Durham University), Royaume-Uni | **Barbara Kermaidic** (Editions Errance) | **Francis Kéré, Erik Jan Ouwerkerk, Claudia Buhmann**, Allemagne | **Alain Klein** (Architerre) | **Toshihiro Kogure** (The University of Tokyo), Japon | **Nicholas A Kotov** (University of Michigan), USA | **Andreas Krewet** (Entreprise Akterre) | **Johanna Larosa-Rob** (Rudy Ricciotti Architecte) | **Nicole Liewig** (CNRS/Université de Strasbourg) | **Macaulay Institute Collection/The Clay Minerals Society,** Royaume-Uni | **Satprem Maïni** (Auroville Earth Institute), Inde | **Isabel Margarit** (Hystoria y Vida/Prisma Publicaciones) | **Christelle Mary** (IRD)
Alain Meunier (HydrASA, CNRS/Université de Poitiers) | **Jesus Antonio Moreno** (Fundacion Tierra Viva), Colombie | **Bernd Möser** (Bauhaus-Universität Weimar), Allemagne | **Henri-Georges Naton** | **Nicolas Norero** (Rick Joy Architects), USA | **Leah Nyrose** (HOTSON BAKKER BONIFACE HADEN architects + urbanistes), Canada | **Christian Olagnon** (MATEIS/CNRS/INSA de Lyon) | **Maya Pic**
Xavier Porte | **Martin Rauch,** Autriche | **Vincent Rigassi** | **Virginie Rochas** | **Christian Seignobos** | **Geun-Shik Shin,** Corée du Sud | **Rodney Stevens** | **François Streiff** (Parc Naturel Régional des Marais du Cotentin et du Bessin) | **Gisèle Taxil** | **The Concrete Company Ltd** | **U.S. Geological Survey** | **Henri Van Damme** (CNRS/ESPCI) | **Franz Volhard** (Schauer + Volhard Architekten) | **Sabrina Vonbrül** (LehmTon Erde)

Les Éditions Belin et la Cité des sciences et de l'industrie remercient de leur aide **Sophie Bougé**, chef de projet de l'exposition « Ma terre première : pour construire demain », **Réal Jantzen** et **Maud Livrozet** (CSI), ainsi que **Cédric Ray** (Université de Lyon).

作者简介 & 译者简介

作者简介

莱迪西娅·方丹（Laetitia Fontaine）和罗曼·昂热（Romain Anger）是法国里昂国立应用科学学院（INSA）的工程师，均于法国格勒诺布尔国立高等建筑学院(ENSAG)的国际生土建筑研究中心（CRATerre）实验室获得建筑学硕士（DSA）学位。目前莱迪西娅·方丹为法国“建造材料工作室”（amaco）负责人，罗曼·昂热是工作室的科学总监。自 2004 年以来，他们一直在国际生土建筑研究中心实验室从事教学与研究活动，尤其深入地研究了土材料的微观结构和宏观属性间的关系，并积极组织生土建筑知识与文化的培训与传播。

2008 年，莱迪西娅·方丹因其博士研究工作获得了联合国教科文组织与法国科学院的国家委员会 L'Oreal 基金会颁发的妇女与科学奖。他们也因“建造的种子”教育计划获得 2009 年阿道夫·帕考特科学普及奖(Adolphe Pacault Award of Scientific Publication)，该奖项表彰向公众传播科学文化的杰出举措。2010 年，他们合著的作品《用土建造：从尘埃到建筑》因简明生动的叙述使非专业读者了解到了科学的进步对世界环境所产生的影响，而获得法国高等教育和研究部（MESR）组织的科学价值奖（通识类书籍）。

译者简介

蒋蔚，毕业于法国巴黎拉维莱特国立高等建筑学院（ENSAPLV）。北京建筑大学建筑与城市规划学院讲师，法国国家注册建筑师，联合国教科文组织生土建筑、文化与可持续发展教席研究员，土上工作室创始合伙人，主持建筑师。

设计作品先后获得联合国教科文组织 2017 年度亚太地区文化遗产保护“创新设计奖”，2018 年 WA 中国建筑奖设计实验类别佳作奖，2018 世界建筑节（WAF）公民与社区类别建成项目佳作奖，2021 年 TERRA FIBRA 国际生土建筑“社区发展”组别大奖。

译后记

汉语字典里,"土"这个字有趣的是它作为形容词的那部分含义，正好能够生动地反映土作为一种建筑材料在人们眼中的几个代表性印象：

"本地的、具有地方性的"——这一描述既说明了土可以就地取材的优势，也表达出土材料有着建筑学语境中的在地属性。
"来自民间的、民间沿用的、非现代化的。如：土办法"——说明从材料到工艺，土都游离于主流与现代化之外。这里也还有另一层含义：它是属于民间的建造智慧，如今流行的说法也称为接地气。
"不合潮流、不开通"——这也是今天大部分人对土房子的印象：它代表着贫困与落后……

但在建筑师和工匠的眼里，与土相关的材料和工艺却能表现出令人难以置信的多样性，这才是它最迷人的部分，尤其那些能够被清晰呈现的建造痕迹，以及对自然环境与时间作出的敏感反应。在建造活动中这样的材料更容易寄托人类的情感，进而对我们的物质空间与心理进行双重塑造，并最终成为生活方式的一部分。

那么除了这些，我们还能怎样理解土这种材料呢？相信本书能给大家提供一个充满惊喜的崭新视角。20世纪70年代，在第一次世界能源危机的背景下，法国于1979年在格勒诺布尔国立高等建筑学院(ENSAG)成立了国际生土建筑研究中心(CRAterre)，开始科学系统地展开对生土材料及其传统建造技术与现代化的研究。时至今日，这些扎实的基础研究取得了大量令人印象深刻的卓越成果，莱迪西娅·方丹(Laetitia Fontaine)与罗曼·昂热(Romain Anger)合作的本书也是这些成果的一部分。这本完成于十年前的科普著作涵盖了生土作为一种建筑材料的方方面面：从土的微观结构到宏观属性、从材料的工艺到相生相长的文化、从前人的智慧到未来的远景都生动地呈现在我们面前。尤其它在原始的土材料、土办法与最先进的科学技术之间建立了令人信服的连接。更有价值也更难能可贵的是，在当今的学术环境中这些基础研究本身所具有的意义与力量……

土不是边缘的材料，它一直是我们赖以生存的基本物质，过去是，未来仍是。

本书中文版也献给原著作者莱迪西娅·方丹和罗曼·昂热，谢谢他们一直以来给予本人及我所在团队的热心支持。

感谢陈张敏聪夫人慈善基金为本书得以出版所提供的帮助。
感谢朱竞翔老师百忙之中为本书的中文版作序。
向光明城对本书版权的引进与出版致谢的同时，也谢谢李争编辑的帮助与所付出的耐心。

蒋蔚

2023年9月10日

Originally published in France as:
Bâtir en terre by Laetitia Fontaine et Roman Anger

Current Chinese translation rights arranged through Divas International, Paris
巴黎迪法国际版权代理 (www.divas-books.com)

图书在版编目（CIP）数据

用土建造：从尘埃到建筑 /（法）莱迪西娅・方丹
(Laetitia Fontaine)，（法）罗曼・昂热
(Romain Anger) 著；蒋蔚译．-- 上海：同济大学出版社，2024.1
ISBN 978-7-5765-0977-9

Ⅰ．①用… Ⅱ．①拉… ②罗… ③蒋… Ⅲ．①土料－建筑材料－研究 Ⅳ．① TU521.3

中国国家版本馆 CIP 数据核字 (2023) 第 220197 号

用土建造
从尘埃到建筑

Bâtir en terre
Du grain de sable à l'architecture

[法] 莱迪西娅・方丹（Laetitia Fontaine）
罗曼・昂热（Romain Anger）著
蒋　蔚 译

出 版 人：金英伟
责任编辑：李　争
责任校对：徐逢乔
装帧设计：余　彬　吴许卿 / Pangolin Design
版　　次：2024 年 1 月第 1 版
印　　次：2024 年 1 月第 1 次印刷
印　　刷：上海安枫印务有限公司
开　　本：787mm ×1092mm　1/12
印　　张：19
字　　数：479 000
书　　号：ISBN 978-7-5765-0977-9
审 图 号：GS（2023）4203 号
定　　价：188.00 元
出版发行：同济大学出版社
地　　址：上海市杨浦区四平路 1239 号
邮政编码：200092
网　　址：http://www.tongjipress.com.cn
经　　销：全国各地新华书店